财政监管视角下
数据资产评估理论与实务

于艳芳　孟永峰　贾国军◎著

U0336231

知识产权出版社
全国百佳图书出版单位
—北京—

图书在版编目（CIP）数据

财政监管视角下数据资产评估理论与实务/于艳芳，孟永峰，贾国军著.—北京：知识产权出版社，2024.12.—ISBN 978-7-5130-9708-6

Ⅰ.TP274

中国国家版本馆 CIP 数据核字第 20248NB040 号

内容提要

本书理论部分主要介绍国内外文献研究综述、数据资产评估相关概念与理论基础、数据资产评估财政监管依据和数据资产评估主要方法，实务部分主要介绍国家电网、易华录、同花顺、中国联通、东方财富、拼多多、哔哩哔哩等企业数据资产评估模型构建、评估参数确定和评估结果分析。本书可以作为资产评估专业研究生《无形资产评估》《数据资产评估》课程的参考书，也可以作为数据资产评估专业人员的参考书。

责任编辑：张利萍　　　　　　责任校对：谷　洋

封面设计：邵建文　马倬麟　　责任印制：刘译文

财政监管视角下数据资产评估理论与实务

于艳芳　孟永峰　贾国军　著

出版发行：知识产权出版社 有限责任公司		网　　址：http://www.ipph.cn	
社　　址：北京市海淀区气象路 50 号院		邮　　编：100081	
责编电话：010-82000860 转 8387		责编邮箱：65109211@qq.com	
发行电话：010-82000860 转 8101/8102		发行传真：010-82000893/82005070/82000270	
印　　刷：天津嘉恒印务有限公司		经　　销：新华书店、各大网上书店及相关专业书店	
开　　本：720mm×1000mm　1/16		印　　张：15.25	
版　　次：2024 年 12 月第 1 版		印　　次：2024 年 12 月第 1 次印刷	
字　　数：264 千字		定　　价：89.00 元	

ISBN 978-7-5130-9708-6

目 录

CONTENTS

第二部分　数据资产评估实务部分

第
一
部
分

数 据 资 产 评 估 理 论 部 分

第1章 绪 论

1.1 研究背景与研究意义

1.1.1 研究背景

21世纪以来，随着计算机科学和互联网技术的飞速发展，人类产生数据、存储数据、分析数据和利用数据的方式发生了剧烈变化。人类成为数据的制造者和传递者，而数据的运用也对人类的生产与生活方式产生了巨大的影响。数据具有非竞争性和规模效应特点，能够提高企业经营效率和企业内生增长率。现代企业开始发展数据化思维，进行数据化转型，并加强对数据的开发利用和管理。数据赋能各行业企业的发展，衍生出众多新型商业模式，催生了新的经济增长点。数据资产在企业经营战略的选择、创新创造能力的提升、市场地位的保持等方面发挥着重要作用，已经成为企业重要的战略资产。

数字经济时代，全球的经济格局正在发生重大的改变。各国各地区都非常重视数据在未来发展中的作用，并将大数据技术提高至国家战略层面。数字经济于2016年的G20杭州峰会上被我国首次提及，2017年被写进政府工作报告，2019年数据首次被列为生产要素，2020年数据成为继土地、劳动力、资本、技术之后的第五大生产要素。党的二十大报告指出：深化要素市场化改革，建设高标准市场体系，加快发展数字经济，促进数字经济和实体经济深度融合。《"十四五"数字经济发展规划》强调，数字经济逐渐成为市场竞争格局转变的关键所在，应积极寻找数据资产的变现渠道，将数据资产转化为企业可以得到的实际利益，要将数据化新技术和现有产业进行深度绑定融合，促进产业升级转型，向高质量发展迈进。

数据作为新型生产要素，已快速融入生产、分配、流通、消费和社会服务管理等各环节，成为推动经济发展的核心引擎。充分发挥市场在资源配置中的决定性作用，推动数据要素市场建立与完善，挖掘数据资产的价值，推动数据要素按价值贡献参与分配，需要对企业的数据资产价值进行评估。

在财政部指导下，中国资产评估协会于 2019 年发布《资产评估专家指引第 9 号——数据资产评估》，于 2023 年发布《数据资产评估指导意见》，旨在规范数据资产评估执业行为，保护数据资产评估当事人合法权益和公共利益。上述专家指引和指导意见介绍了数据资产的概念、特点、价值影响因素，以及收益法、成本法、市场法三种基本方法在数据资产评估中的应用，有效指引和规范了数据资产评估行为。但是，我国数据资产评估仍处于起步阶段，尚不成熟，加上各行各业的数据资产都各具特色，需要进一步分析各行各业数据资产价值影响因素。因此，分行业具体研究数据资产价值，分行业具体研究数据资产评估非常重要。

1.1.2　研究意义

1. 理论意义

研究数据资产评估可以完善数据资产评估理论体系，丰富数据资产评估方法，促进数据资产评估理论与实践的结合。通过对数据资产、数据资产评估的相关内容进行梳理，可以加深对数据资产、数据资产评估的理解和认识。针对数据具有容量大、多样性、复杂性等特点，以及数据资产评估中存在的成本难以衡量、使用年限难以确定、价值密度与质量难以确定等问题，基于传统评估方法进行科学改进和补充，衍生出更适合的评估方法，可以揭示出更加客观的公允价值，为数据资产评估提供新思路。

2. 现实意义

一是有助于企业充分挖掘和利用数据资产价值。数据资产评估能够使企业较为清楚地认识到数据资产能给企业带来的价值，从而增加企业对数据资产的重视程度，加强企业内部数据资产的管理，充分利用企业数据资产创造的价值，从而提高企业经营效益。

二是有助于资产评估行业丰富数据资产评估实践。我国数据资产评估案例还比较少，本书通过选取多个行业代表性企业的数据资产进行评估，有助于构建数据资产评估的成功案例，为其他行业企业数据资产评估提供参考和借鉴，从而推动数据资产评估实践的发展。

1.2　国内外文献研究综述

1.2.1　国内文献研究综述

1. 数据资产相关研究

随着数字经济时代的到来，国内学者愈发意识到数据的重要性，认为数据具有资产属性，可以作为资产进行核算。

一是从数据的来源角度。胡凌（2013）认为，数据本身对互联网企业等轻资产企业更重要，其价值可以被二次或多次挖掘，逐渐成为一种宝贵的数据资产[1]。刘玉（2014）认为，数据既可以主动获取也可以被动收集，一切可量化、可数据化的信息都有可能成为企业的大数据资产[2]。李泽红和檀晓云（2018）认为，数据资产既可以由企业自行搜集整合得到，也可以从专业数据处理公司购买得到[3]。上官鸣和白莎（2018）将大数据资产分为自创和外购两类并研究其会计计量[4]。

二是从数据的权属角度。康旗等（2015）认为，数据资产可以为企业带来收益并需要讨论数据资产的权属问题[5]。王玉林和高富平（2016）对数据资产的归属展开了探讨，结合邻接权客体说、财产权客体说和数据资产说，强调数据具有财产性，且是数据控制人的资产[6]。杜振华和茶洪旺（2016）提出数据资源的确权有利于数据资产的流通，促进数据交易市场的形成，并对公共、企业与个人的数据资源确权依据进行分析[7]。武长海和常铮（2018）认为，数据权的归属争议在于数据资产应当属于数据所有者还是数据控制者，要解决两者之间的矛盾需要在保护个人数据安全的情况下，实现数据的应用价值[8]。此外，姚佳（2019）认为，数据权属的确定难点在于个人与企业的利益冲突，因此数据的利用准则的确定，需要满足不同场景下的经济效益与法律边界[9]。何柯等（2021）认为，数据资产不仅来源于数据本身的积累，而且离不开劳动赋权，因此有必要对数据权属进行分层，平衡数据的隐私安全与利用效率[10]。

三是从数据的自身属性角度。朱扬勇和叶雅珍（2018）把拥有数据权属且有价值、可计量、可读取的网络空间中的数据集界定为数据资产[11]。张兴旺等（2019）认为，原始数据经过数据整理、清洗、处理、分析、利用等步骤才能转化为数据资产，数据资源囊括数据资产[12]。李静萍（2020）认为，数据具有非生产和资产属性，应纳入资产核算范围[13]。许宪春等（2022）将数据资产定义为拥有应用场景且在生产过程中被反复或连续使用一年以上对GDP产生影响的数据[14]。彭刚等（2022）认为，在生产中持有或使用至少一年并获得经济利益的数据应当视为固定资产[15]。李原等（2022）将数据资产定义为单位或者个人为特定目的而专门研发或者记录，并有一定的经济投入同时预期能产生收益，并能长期反复使用，以电子或物理形式存储的信息[16]。中国资产评估协会（2023）颁布了《数据资产评估指导意见》，将数据资产界定为特定主体依法占有或控制，能够进行货币计量并能够产生直接或间接经济利益[17]。同年财政部发布《企业数据资源相关会计处理暂行规定》，明确了企业使用的数据资源，符合《企业会计准则第6号——无形资产》规定的定义和确认条件的，应当确认为无形资产；在企业的日常运营中，如果持有的数据资源的最终目的是销售，并且这些数据资源符合《企业会计准则第1号——存货》所规定的定义和确认条件，那么这些数据资源应当被确认为存货。

四是从资产的属性角度。崔国钧等（2006）认为，数据资产是无形资产的延伸，是具有固定资产实物形态但主要只以知识形态存在的重要经济资源[18]。庞伟（2007）认为，数据资产属于无形资产，而且有着一般无形资产的特性，数据资产的价值来源具有可以进行摊销和转让的属性[19]。何帅等（2013）认为，数据资产作为与实体资产同等重要的无形信息资产，在企业信息管理中处于越来越重要的地位[20]。吴李知（2013）认为，数据资产是系统处理之后取得的形式多样的数据，主要包括数据交易、数据交互、数据交感[21]。李谦等（2014）认为，数据资产是一类可供不同用户使用的资源，同实物资产、无形资产一样，数据资产首先是一种资源，可以通过合理应用创造价值[22]。王岑岚和尤建新（2016）指出可以将数据划分到无形资产的软件产品，具有与软件产品类似的特点，数据既可以为企业拥有来提供服务，也可以进行交易实现价值[23]。把数据资产归类为无形资产是当前多数学者普遍认同的一个观点，但也有部分学者存在不同见解，邹照菊（2018）认为，大数据资产有物理、电子等多种存在形式，它既与传统的"存货"项目有差别，也不与无形资产等同，而是总结了大数据资产数量无上限、独立不排他性、边际成本趋零性等特性[24]。祝子丽和倪杉（2018）提出数据资产之间也是存在差异的，可能有些数据资产符合无形资产特征，有些数据资产不符合无形资产特征，其中的灰色区域还需要进一步区分和判别[25]。李雨霏等（2020）认为，数据资产是存在于企业内部的，以某种形式存在的并且可以为企业带来经济利益的资源[26]。闭珊珊等（2020）认为，数据资产依附于具有实物形态的资产，其价值影响因素主要包括质量、容量、成本等[27]。阮咏华（2020）认为，可以根据数据资产是在单一经营期内发挥作用还是多个经营期发挥作用分为存货或者无形资产[28]。张俊瑞等（2020）同样强调了数据资源应当是属于企业的资产，但不应将其直接类比确认为无形资产，可以以数据资源的用途进行分类，并建立其不同于无形资产的数据资产独立核算体系[29]。李雅雄（2017）、谭明军（2021）等认为，数据资产与其他资产存在明显区别，应当对数据资产单独进行分类计量[30,31]。随着数据资产越来越受到重视，在互联网时代发挥着越来越重要的作用，国内同样有部分学者提出，应当将数据资产列示于资产负债表，像无形资产、固定资产一样进行折旧和摊销计量，这是未来的发展趋势。

五是从资产的生命周期角度。李永红和张淑雯（2018）根据 Dataone 的数据生命周期模型，将数据资产的生命周期分为数据生成、分类、保存、传播、处置等阶段，并且认为数据资产的价值体现有两种途径：一种是被企业自身所利用，提高产品的性能；另一种是向市场传播，为其他企业提供相应的信息[32]。权忠光等（2022）将数据生命周期从产生、存储、维护、使用到消亡的整个过程与传统资产生命周期的划分方式相结合，将数据资产生命周期划分为开发阶段、赋能阶段、活跃交易阶段和处置阶段[33]。数据资产价值实现过程的各个阶段没有严格的界限，高仪涵（2023）采用生命周期的 S 曲线模型来大致确定数据资产所处的生命周期阶段[34]。

六是从企业角度出发研究数据资产。薛华成（1993）发现数据经过处理可以成为有价值的信息，从而有利于企业进行决策[35]。王红艳和陈伟达（2001）认为数据资产是参与企业生产活动并发挥重要作用的数据资源[36]。吕玉芹等（2003）认为，数据资产以网络数据形式存在，不具有承载媒介，但可以给企业带来经济利益，具体包括计算机软件、多媒体数据、数据库及操作系统等[37]。张启望（2006）认为，企业的数据资产以代码形式存在，并且具有一般数字化商品的表现形式[38]。武健和李长青（2016）认为，数据已经成为与材料、能源同等重要的战略资源[39]。余文（2017）认为，数据资产不管是使用物理还是电子存储方式，都有可能为企业创造价值[40]。张驰（2018）认为，数据资产是企业生产经营过程中产生的数据，企业能够管理并通过合法方式使用这些数据并为企业带来收益[41]。陆旭冉（2019）认为，公司或组织对外部途径获取或经营活动产生的数据资产具有控制权或持有权，数据资产为公司增加预期收益的同时进一步挖掘整理后可真正体现出某一事项的具体状况[42]。秦荣生（2020）认为，数据资产是企业通过过去的经纪业务所控制的能对现在产生影响的经济资源并且能够给企业带来预期收益[43]。李诗等（2021）对数据资产的确认、计量和披露展开研究，研究结果显示对其披露将会更好地反映企业经营状况，有利于增加投资者对企业财务数据的了解[44]。刘检华等（2022）从数据管理以及数据全生命周期两个角度，提出了制造业企业数字化转型的四个发展阶段，对制造业企业数字化转型奠定了理论基础，进而推动企业数字化转型的发展[45]。王勇等（2023）认为，数据资产作为新的生产要素和重要的生产力，已经上升为国家基础性战略资源[46]。

2. 数据资产管理相关研究

徐园（2013）通过对数据资产、信息资产和数字资产三者的关系和差异进行细致的剖析，构建了一种新型的商业模式[47]。张相文等（2016）从 IT 规划角度对数据资产进行剖析，并将其分为十大类进行细致分析[48]。辛金国和张亮亮（2017）在对互联网公司进行深度调查后，从流程、管理和技术三个层面分析了数据资产质量影响因素，为高效管理数据资产提供了参考[49]。宿杨（2020）提出要实现数据资源的增值，就需要从法律层面上处理好数据资产管理的不足，促进数字经济的健康发展[50]。

此外，还有不同行业数据资产管理方面的研究。电网企业研究主要集中在数据资产管理和风险监测度量方面。杨永标等（2016）运用数据管理成熟度模型（DMM 模型）设计出电网与用户双向互动元数据模型，有效解决了电网企业数据质量较低及管控能力较弱的问题[51]。冯楠等（2016）提出在数据仓库、元数据设计、分布式组件对象模型 DCOM 等技术的加持下，建立数据资产监测机制[52]。樊淑炎（2021）通过 BOR 方法，提出了"规划→实施→长效"的数据资产管理体系实现思路[53]。曹煊洲（2021）围绕数据资产化管理，对企业数据资源管理内涵和特点进行分析，从精细化信息管理、完善成本管控和进行数据监控、强化过程管理两个方面探讨了数据资产管理的发展策略[54]。

在电信企业研究方面，程慧（2013）提出电信企业能够借助数据实施更具有针对性的营销和运营，电信企业数据资产涵盖多个领域[55]。李明庆和田荣阳（2014）提出利用数据资产可以改进电信企业产品，通过分析消费数据为客户推销产品，提高成单率[56]。张云帆（2016）认为，电信企业数据资产可以应用到优化网络质量、提升客户体验、用户统计分析、数据交易和征信服务等方面[57]。李梦莹（2019）基于数据价值运营的视角，探讨了电信数据成功运作的关键因素包括数据资源、平台、技术的广泛使用以及运营管理等[58]。李红双等（2020）对电信运营商数据资产的特性进行分析，认为电信企业产生的数据资产量大且数据完整度高，且具有真实性，可应用于多种场景[59]。

在互联网金融企业研究方面，谢平和邹传伟（2012）认为，互联网金融会对人类金融模式产生本质影响[60]。宫晓林（2013）指出，互联网金融会对传统商业银行产生影响，从长期来看传统商业银行应该积极利用互联网金融模式[61]。吴晓求（2015）认为，互联网金融是依托互联网平台并包含传统金融功能的新兴金融业态，互联网金融能推动金融变革，完成金融转型[62]。顿楠（2016）认为，大数据、云计算等新兴技术对金融行业的变革产生了促进作用，加速了金融企业对内部管理方式、企业经营方式、营业模式的多种变革，激发了企业内部寻求金融创新的自主能动性[63]。

3. 数据资产评估方法相关研究

目前，关于数据资产评估的研究已经有一个初步的框架，如中国资产评估协会颁布了《数据资产评估指导意见》《资产评估专家指引第 9 号——数据资产评估》，许多高等院校的专家学者发表了许多相关论文。从这些研究中可以发现，数据资产评估方法主要从成本途径、市场途径和收益途径三个角度出发。

一是从成本途径角度。林飞腾（2020）认为，数据资产价值评估不适用于市场法和收益法，因为收益难以区分计量，市场相似案例少[64]。张志刚等（2015）认为，数据资产的价值受到数据的成本和数据的应用两方面的影响，通过构建指标体系，利用层次分析和专家打分得到数据资产价值[65]。李雪和暴冬梅（2016）认为在评估数据资产时，成本法是反映企业经济效益最基本的方法[66]。徐漪（2017）使用成本法对数据资产的价值进行会计处理，将数据资产的各种成本减去贬值后就是数据资产的评估价值[67]。赵丽和李杰（2020）首先采用成本法和收益法来确定数据资产的理论价值范围，接着构建了一个基于该价值范围的博弈模型,最终确定交易的均衡价格[68]。普华永道在数据资产评估研究报告中也指出,在现在情况下用成本途径评估数据资产较为合适。但是,也有学者对成本法的适用性给出不同的观点。李泽红和檀晓云(2018)认为,被评估数据资产会随着时间的推移出现贬值,但数据资产的价值会随着不断探究而不断增加,出现弱对应性,不再适合用成本法;此外,数据资产重置成本难以确定、使用寿命无法衡量等因素也影响成本法的运用[69]。

二是从市场途径角度。刘琦等(2016)将市场法与层次分析法相结合,使市场法评估结果更具准确性[70]。郑辉(2020)认为,伴随着"互联网+"物流企业交易活动的快速增加,市场法可作为评估手段[71]。胡晓佳(2020)认为,数据资产评估传统方法中市场法最直接,最具有说服力,更容易被接受等[72]。林佳奇(2020)采用市场法评估发电企业数据资产价值,利用专家赋权与层次分析法进行评分[73]。赵璐(2021)认为,数据资产评估方法选择是一件困难的事,强调应该运用市场法评估数据资产,并进行市场检验[74]。

三是从收益途径角度。目前,许多学者都赞同使用收益法,认为收益法适合用于评估数据资产这种能够给企业带来预期收益的资产。胡苏和贾云洁(2006)建议运用超额收益折现法对数据资产进行价值估算[75]。赵振洋和陈金歌(2018)认为,数据资产预期带来的收益、承担的风险和获利年限都可以预测和量化,可以将收益法应用到物流企业数据资产评估中[76]。申海成和张腾(2019)将资产的未来收益更改为许可使用费,并通过折现的方式来确定数据资产的经济价值[77]。司雨鑫(2019)认为,应将超额收益法和层次分析法结合评估数据资产[78]。谢非和晋旭辉(2021)利用收益法评估电商平台数据资产价值[79]。陈芳和余谦(2021)利用剩余法从企业的整体收益中剥离出数据资产所创造的超额收益,再通过调整数据资产的回报率,最终形成基于剩余法的多期超额收益模型[80]。苑泽明等(2021)通过采用层次分析法测算企业数据资产过去产生的收益额,再结合灰色预测模型对企业数据资产所产生的未来收益进行了预测[81]。崔叶和朱锦余(2022)从价值创造过程和价值转移过程出发,利用层次分析法和多期超额收益法对数据资产的价值进行了评估[82]。胥子灵等(2022)对多期超额收益模型中的折现率和收益期进行了修正,增加了客户留存率参数,使数据资产评估结果更为准确[83]。嵇尚洲和沈诗韵(2022)通过收益倍增模型结合情景分析法,构建了用户数据倍加系数,对东方财富数据资产价值进行评估[84]。

此外，对数据资产评估方法进行改进的研究较多。夏金超等（2021）认为不可能存在通用的数据资产价值估算方法，评估实践中要进行多方面考虑来确定合适的价值评估方法[85]。

在成本法改进研究方面，张咏梅和穆文娟（2015）认为，金融数据资产是一种可获利但不易量化的自制无形资产，可利用倍加系数法估算金融资产的重置成本[86]。朱丹（2017）在考虑数据资产总成本、预期数据使用溢价、数据效应的基础上，构建了数据资产评估模型评估政府数据资产价值[87]。石艾鑫等（2017）从收集、处理和维护三个成本因素层面出发，构建了数据资产价值评估模型[88]。邹贵林等（2022）构建了基于两阶段修正成本法的电网数据资产定价方法，对比成本价和市场价确定数据资产的价格区间[89]。

在市场法改进研究方面，刘畅（2014）对传统估值模型进行梳理评价，利用市场调整系数对传统 DEVA 模型进行修正，并引入相关案例验证了模型的有效性[90]。刘洪玉等（2015）构建了基于竞标机制的鲁宾斯坦模型来评估数据资产[91]。王建伯（2016）创新性地将博弈论的观点和方法应用到评估中，并说明由于交易双方的信息不对称，交易过程主要根据自己所了解可运用到的信息进行反复决策，最终达到交易双方都满意的价格即为成交价格[92]。李永红和张淑雯（2018）对数据数量、数据质量和数据分析能力的影响因素进行分析，提出在市场法运用的基础上结合层次分析法和灰色关联分析法来估算数据资产的价值[93]。左文进和刘丽君（2021）基于数据用户感知价值的视角，提出数据资产感知价值维度划分以及价格质量比率概念，结合数据综合得分和可比数据资产价格综合确定待估数据资产价格[94]。赵馨燕等（2022）设计了 Rubinstein 博弈模型，模拟市场竞价与谈判交易两阶段博弈情况，最终得到卖方视角下市场竞价的数据资产均衡定价[95]。

在收益法改进研究方面，陈伟斌和张文德（2015）认为，收益分成法在数据资产评估方面有一定的合理性[96]。黄乐等（2018）更是将三种传统的评估方法结合在一起，根据成本法思路得到数据资产的成本，以收益指标计算数据资产收益，再用市场调整系数进行修正得出最终的评估结果[97]。李春秋和李然辉（2020）在对评估方法的比较分析基础上，提出了基于业务计划和收益的资产评估方法[98]。张悦（2021）采用分成法和差量法结合的方式来计算数据资产的超额收益[99]。

此外，还有专家学者采用衍生方法或引入其他方法。吴江等（2021）通过模糊综合评价法评估铁路数据资产的价值[100]。高华和姜超凡（2022）按应用场景将数据资产划分为有交易和无交易两种类型，无交易场景下采用 B-S 期权定价模型估值，有交易场景下采用 AHP 结合超额收益法进行综合评估[101]。郭燕青和孙培原（2022）引入梯度模糊数对 B-S 模型进行优化，评估 360 企业的数据资产价值[102]。肖雪娇和杨峰（2022）基于最小二乘蒙特卡洛模拟的实物期权法确定互联网企业数据资产价值[103]。

1.2.2　国外文献研究综述

1. 数据资产相关研究

长期以来，数据、信息、数字三个词汇结合经济、要素、资产、资源和资本形成了多组名词。其中，最具代表性的是信息资产、数字资产和数据资产。随着数据的进一步挖掘，人们对数据和数据价值的认识逐渐加深，数据资产的内涵不断丰富。

"数据资产"一词由美国学者 Peterson（1974）首次提出，他认为数据资产是公司债券、企业债券和实物债券之类的资产[104]。现在来看，该定义并没有将数据作为单独的资产来看，关注的主要是传统金融体系中有价证券的数字化表达。Stuart 和 Kaback（1977）意识到数据是一种经济资源，拥有价值，能够带来收益，但是尚未对数据资产进行准确定义[105]。Alvin Toffler（1980）首次提出"大数据"的概念，并成为研究的热点[106]。Horton（1981）明确指出信息是一种资产，并且和其他资产存在很大差异，认为信息（数据）是有价值的，是供应商、消费者以及公司内部数据的加总[107]。Horton（1985）提出信息数据就是一种资源，并且存在生命周期，深化了对数据资产的认识[108]。毕马威会计师事务所（1995）认为，数字资产是被记录的具有价值或者潜在价值的数据，数据资产的管理能给企业带来超额收益[109]。Michael et al.（1999）把数据资产定义为企业或者个人拥有的可以进行交换并获利的资源，可以通过数据挖掘来激发数据潜能[110]。Pitney Bowes（2010）从会计角度出发，认为数据信息应被当作单项资产进行确认，并且数据资产价值量与数据质量和数据重要性有关[111]。Brown（2011）认为数据应当被看成类似品牌形象的一种资产[112]。Sebastian（2012）认为数据蕴含价值，能被当作资产进行管理[113]。Davenport（2014）把数据资产定义为一种能够帮助企业进行决策，能够给企业准确识别出最有效的方法的资产[114]。Ellis（2014）认为数据资产是企业拥有或控制的，以某种形式存在，未来会产生价值的数据资源[115]。Luehrman（2016）从数据资产的作用角度出发，认为数据是企业最有价值的资产，数据质量的下降会给企业带来严重的损失[116]。Laura（2023）认为世界上最有价值的公司的价值主要来自它们的数据[117]。

2. 数据资产管理相关研究

数据资产管理对于现代企业具有重要意义。Pitney（2009）认为，公司最大的竞争优势是员工、客户关系与公司数据，而公司数据是最有价值的资产，因此需要进行数据资产管理[118]。Konstan et al.（2016）认为，现代企业受益于大数据流程，客户和业务的数据有助于提高企业洞察力；大数据分析有助于实现业务目标，从而实现利润最大化[119]。Castro Santiago（2014）认为，随着大数据的增长，数据管理成本存在增加的风险，因此提出数据管理优化方法，通过增加分析的数据量，提高实现其价值的可能性，降低数据管理的风险[120]。Amir Gandomi et al.（2015）认为，现代企业通过直接和间接地收集大量数据，可以发现隐藏的知识模式并优化业务流程[121]。Muhammad et al.（2016）认为，数据分析已成为企业价值创造的工具，提出通过客户端大数据缩减框架，能有效降低数据分析时的云服务成本[122]。Ikbal（2016）通过对大数据集采样，选取具有代表性的样本数据，对数据质量进行评估[123]。Chaudhary R et al.（2017）提出运用 5G 技术搭建数据资产访问框架，并将该框架与 SDN、NFV 等技术相结合实现企业数据智能管理[124]。Hannila et al.（2019）从产品组合管理的角度将数据资产分为主数据、交易数据和交互数据，认为数据资产拥有在产品组合管理中用于数据驱动、基于事实的决策的潜力[125]。Niels et al.（2020）提出数据资产的显著特征是具有高价值弹性，并反思了数据资产的生产及其增值机会的不平等分配[126]。

3. 数据资产评估方法相关研究

一是市场法。Newman（1984）运用市场法对企业数据资产评估理论做了深入研究[127]。Dombrow（1999）认为充分市场条件下，运用市场法评估数据资产具有可行性[128]。Heckman et al.（2015）通过定性和定量方法的结合，建立了数据属性与给定数据集的价值之间的数据定价模型，认为数据成本、数据年限、数据完整性、数据容量和数据准确性是影响数据资产价值的关键因素[129]。

二是收益法。Jr C E F（1995）、Doherty James（1996）探讨了收益法在数据资产机制评估中的优势，研究了收益法三要素的确定问题[130,131]。Aswath（2001）论述了数据资产价值评估的过程，提出了风险和收益理论，并介绍了企业未来现金流、贴现率等参数的确定方法，用数据论证了其具体方法[132]。David Tenenbaum（2002）在比较传统评估方法适用性后，认为收益法最适合用来评估数据资产，通过假定收入损失来确定数据资产的价值[133]。Mark Berkman（2002）认为数据资产更加符合收益法的前提适用条件，应该用收益法进行评估，且收益法评估的困难是如何在企业价值中有效剥离出数据资产的价值，以及如何确定折现率[134]。Lin G T R et al.（2009）通过分析数据资产价值的来源及影响因素，构建了用收益法评估数据资产的模型，并选取六个行业来进行实证论证，验证了收益法在评估数据资产价值方面具有较为广泛的适用性[135]。Damián Pasto et al.（2017）认为数据资产属于无形资产的一部分，可以运用收益法进行评估[136]。Justus Wolff et al.（2018）在现金流折现模型的基础上进行因素修正来评估数据资产的价值[137]。

三是成本法。Chris（2010）认为信息的经济价值来源于节省的资源和系统中的其他成本，可以从会计的角度衡量节省的成本、时间和空间，也可以从剥夺价值的角度考虑资源的经济价值[138]。Moody et al.（2016）认为数据资产评估可以和其他资产评估一样运用成本法，数据资产的消耗成本构成数据资产的价值[139]。Quan Minh Quoc Binh et al.（2020）运用成本法来计算数据资产的过去和未来成本[140]。

四是实物期权法。早在20世纪70年代，Fischer Black et al.就已经提出期权定价模型，但没有被应用到数据资产评估中[141]。Longstaff et al.（2001）首次使用最小二乘蒙特卡洛方法来评估数据资产的价值，使美式期权定价法不再单纯依赖历史数据[142]。Schwartz et al.（2003）使用实物期权构建了专门应用于评估高科技企业数据价值的模型[143]。Stentoft（2004）经过深入的比较分析之后，完善了最小二乘蒙特卡洛法，并且证明当数据达到一定的数量时，最小二乘蒙特卡洛法比其他传统方法更加准确[144]。Cortazar et al.（2006）通过优化LSM扩大了其在实物期权的应用范围[145]。

此外，很多专家学者对数据资产评估方法进行了改进。Yu-Jing Chiu et al.（2007）通过层次分析法对技术特征、成本、产品市场和技术市场等影响数据价值的因素进行量化，并提出将数据资产当作无形资产评估[146]。Villanig（2014）对LSM方法进行了改进，使在收益不确定的情况下，数据资产也可以较好地发挥作用[147]。Manetti（2014）创新了LSM模型，对多维美式期权进行评估，拓展了LSM模型的适用范围[148]。Furtado et al.（2016）继续对LSM模型进行改进，解决了美式期权价格依赖历史数据的情况，并在一定程度上解决了期权定价法的动态性问题[149]。Lin et al.（2016）运用层次分析法将数据资产从成本角度进行分层，以购置成本、运营成本、维护成本及应用场景作为准则层进行权重计算构建评估模型[150]。Jana Krejcí et al.（2017）认为层次分析法应该和模糊综合评价法相结合进行评估，这样可以有效避免层次分析法的不足，使得评估结果更加合理[151]。Peng et al.（2017）发现最小二乘蒙特卡洛法具有广泛的应用范围，可以将其应用于许多领域[152]。Li et al.（2019）对 B-S 期权定价模型进行了分析，并应用到 P2P 网贷平台的数据资产价值评估实证研究中，验证了该模型的适用性[153]。Vasile（2019）认为，在蒙特卡洛模拟下，B-S 期权定价模型能更好地考虑时间价值的因素，进一步验证了可以将 B-S 期权定价模型运用到数据资产价值的评估中[154]。Lu et al.（2021）以实物期权理论为基础，认为数据资产的价值由交易过程中的供需决定[155]。Petukhina et al.（2021）提出了数据资产通用评估模型，扩展了数据资产评估理论体系[156]。

1.2.3　文献研究述评

本书通过梳理国内外有关数据资产、数据资产管理和数据资产评估方法方面的大量文献发现，国外对于数据资产、数据资产评估的研究起步较早，国内起步较晚但发展迅速。

国外早期对数据资产的研究集中在数据资产概念界定方面。数据概念研究有一个演进的过程，从最初的界定含糊不清到后来对其概念、特点都有了详细的认识。随着数据作用的不断凸显，国外学者较早认识到了数据资产的价值，认为数据资产是企业的资源，能够为企业创造价值，同企业其他的资产一样，应该被量化、重视甚至是交易。在数据资产评估方面，国外发展研究已经较为成熟，且能够较多使用实物期权法进行评估，认为实物期权法相对于传统评估方法在评估数据资产价值时更具准确性和合理性。

国内学者对数据资产从企业、会计、数据自身属性等多种角度进行研究，在数据资产概念上强调数据的资产特性，认为数据能否成为数据资产的核心在于所产生的数据是否实现资产化。国内学者将数据资产视为一种新的生产要素，一种重要的无形资产，通过合理运用能够给企业带来经济利益，是企业宝贵的经济资源。国内学者对数据资产的研究重点是数据资产作为一种生产要素该如何发挥作用，如何参与分配。在数据资产评估方面，国内学者更多地选择参照无形资产评估，采用传统评估方法或在传统评估方法基础上进行改进，同时也在不断探索实物期权法的优化模型，提高数据资产评估的准确性。

总之，国内外学者在进行数据资产评估研究时，都注重数据资产本身的特点、数据资产价值影响因素，以及数据资产评估方法的适用性及其应用研究。国内外学者关于数据资产评估的研究都致力于改进传统评估方法，但对于数据资产管理、数据资产评估管理方面的研究较为欠缺。此外，不同学者从不同角度改进了传统评估方法评估数据资产价值，但不同企业的数据资产评估仍各有特色。因此，本书将以前人丰富研究成果为基础，在进一步研究数据资产评估理论的基础上，选取丰富的、经典的评估案例，丰富数据资产评估实践。

1.3　研究内容与研究方法

1.3.1　研究内容

本书旨在研究财政监管视角下数据资产评估理论与实务，加强数据资产评估管理，提升数据资产评估能力，促进数字经济健康发展。本书共分为两个部分，第 1 章至第 4 章为数据资产评估理论部分，第 5 章至第 11 章为数据资产评估实务部分。具体章节内容如下：

第 1 章为绪论。本章介绍财政监管视角下数据资产评估的研究背景与研究意义，从数据资产、数据资产管理和数据资产评估方法三个方面进行国内外文献研究梳理，基于前人研究基础，总结研究的主要内容和采用的主要研究方法，并提炼研究的创新之处。

第 2 章为数据资产评估相关概念与理论基础。本章对数据、数据资源、数据资产、数据资产评估、财政监管等相关概念，以及效用价值理论、均衡价值理论、劳动价值理论、期权定价理论、货币时间价值理论、生命周期理论、要素价值理论等相关理论进行介绍，为数据资产评估研究奠定理论基础。

第 3 章为数据资产评估财政监管依据。本章对财政部发布的《资产评估行业财政监督管理办法》《关于加强数据资产管理的指导意见》和财政部指导中国资产评估协会发布的《数据资产评估指导意见》《资产评估专家指引第 9 号——数据资产评估》等有关资产评估行业监管、数据资产管理、数据资产评估等文件进行介绍，为数据资产评估财政监管奠定基础。

第 4 章为数据资产评估主要方法。本章重点介绍数据资产评估的传统评估方法——收益法、市场法、成本法以及衍生方法——期权定价方法，并介绍辅助数据资产评估方法——层次分析法、熵权法和模糊综合评价法，以及介绍其他辅助方法——灰色预测法和 Logistic 模型，为数据资产评估实务部分奠定方法基础。

第 5 章至第 11 章为数据资产评估实务部分的具体案例。该部分分别介绍国家电网、易华录、同花顺、中国联通、东方财富、拼多多、哔哩哔哩七家企业的基本情况、数据资产评估基本要素、数据资产价值影响因素、评估模型构建、评估参数确定、具体评估过程以及评估结果分析，为数据资产评估理论的具体应用。

1.3.2　研究方法

本书采用理论研究与实证研究相结合的方法，使用多种定性和定量研究方法展开。主要研究方法有以下三种。

1. 文献研究法

本书在充分收集国内外公开发表或出版的关于数据资产评估理论与实务方面的研究成果的基础上，经过筛选、梳理，厘清数据资产评估的发展脉络，了解数据资产评估的主要方法，在前人研究经验的基础上，进一步分析找到本书的研究思路和研究方向，以便展开后续研究。

2. 案例研究法

在进行数据资产评估理论研究的基础上，本书选取电网企业、互联网信息服务企业、电信企业、互联网金融企业、电商企业、互联网视频企业中的国家电网、易华录、同花顺、中国联通、东方财富、拼多多、哔哩哔哩等七个典型企业的数据资产展开案例研究。通过包括评估基本要素、评估模型构建、评估过程以及评估结果分析等内容的完整案例研究，丰富数据资产评估实务内容。

3. 定量研究法

在进行定性研究的基础上，本书采用层次分析法确定数据资产在企业组合无形资产中的权重，采用熵权法计算数据资产各价值影响因素的客观权重，采用模糊综合评价法确定数据资产价值修正系数，采用问卷调查法邀请专家对层次分析法中两两指标对比重要性程度进行赋值，采用 Logistic 模型划分数据资产的生命周期，采用灰色预测法和回归分析法预测企业营业收入。

1.4 创新之处

一是研究视角新。本书涉及的数据资产评估完全基于财政部的监管，既涉及财政部对整个资产评估行业的监管，也涉及财政部通过指导中国资产评估协会制定评估准则和专家指引进行的监管。财政监管视角下，数据资产评估更加统一、更加规范。

二是研究案例丰富。不同数据资产价值受不同因素的影响，不同企业的数据资产价值评估各具特色。本书选择不同行业的七个典型企业的数据资产进行评估，既扩展了数据资产评估研究领域，又丰富了数据资产评估实践。

第2章 数据资产评估相关概念与理论基础

本章首先介绍数据、数据资源、数据资产、数据资产评估、财政监管等与数据资产评估相关的核心概念，再介绍效用价值理论、均衡价值理论、劳动价值理论、期权定价理论等数据资产评估基础理论，以及货币时间价值理论、要素价值理论、生命周期理论、数据信息老化理论等数据资产评估相关理论。

2.1 数据资产评估相关概念

2.1.1 数　　据

关于数据的概念，不同文件中的表述不同，既有差异又存在共性。《数据资产评估指南》将数据定义为对客观事物进行记录并存储在媒介物上的可鉴别符号。《中华人民共和国数据安全法》将数据定义为任何以电子或者其他方式对信息的记录。本书根据《数据资产评估指导意见》认为，数据是任何以电子或者其他方式对信息的记录。

数据具有以下几个方面的特点。第一，数据具有非实体性，没有客观实体，存在于虚拟世界中，需要依附于其他载体才能发挥作用。第二，数据具有很强的可加工性，可以通过各种方式对数据进行分析、挖掘和转换，从而获得有效的信息。第三，数据具有极强的时效性，大部分数据的价值会随着时间的流逝迅速减少。第四，数据具有可分割性，可以被分割为更小的部分进行处理。第五，数据具有可复制性，可以在短期内被大量复制且数据的复制成本是极低的。

数据可以按照不同的标准和用途进行分类。按数据的来源，可以分为直接从数据源收集的原始数据和经过加工、整理或分析的次级数据。按数据的结构，可以分为具有明确的格式和数据模型的结构化数据、有部分组织的半结构化数据和没有固定格式的非结构化数据，如文本文档、图像、音频等。按数据的存在时间，可以分为实时数据和用于趋势预测的历史数据。按数据的动态性，可以分为不经常变化的静态数据和频繁变化的动态数据。按数据的访问权限，可以分为对所有人开放的公开数据和只有特定用户或群体可以访问的受限数据。除此以外，数据还可以按所属的行业，分为金融行业数据、医疗行业数据与教育行业数据等。

2.1.2 数据资源

数据资源一般是指以电子化形式记录且可供社会化再利用的数据集合。《数据资产评估指南》指出，当数据积累到一定规模，除了具有自身原有可反映所记录事物信息的功能，还具有进一步挖掘更高价值的可能时，就成为数据资源。而根据《数据资产评估指导意见》，数据资源是指经过加工后，在现时或者未来具有经济价值的数据。

与其他类型的资源不同，数据资源有着一些独特的经济特性。第一，数据资源具有非排他性。因为数据资源被创造并发布出来后无法确保只有付费用户才能访问，所以数据资源往往难以通过传统的市场机制进行有效定价和分配，未付费的用户也可以通过网络渠道获取相应的数据资源。第二，数据资源具有非竞争性。一个人使用数据资源不会影响其他人使用同一数据资源。第三，数据资源具有可复制性。在虚拟世界中数据资源可以被轻易地复制和传播，而且复制的成本非常低。第四，部分数据资源具有稀缺性。尽管数据资源可以被无限复制，但某些类型的数据资源可能因为获取成本高、处理难度大或法律限制而变得稀缺。第五，数据资源具有可加工性。数据资源可以通过处理和分析转化为信息和知识，从而增加其价值。现在的数据挖掘、机器学习和人工智能等技术可以用于从大量数据中提取有价值的信息。

2.1.3 数据资产

Raggad 和 Gargano（1999）首次将资产的概念扩展到数据，指出数据本身是一种可以被特定实体所拥有的商品，可以在市场上进行交换以获取收益，数据挖掘技术能够挖掘数据潜在的价值，从而确定数据是一种资产[157]。Viktor（2013）认为，数据未来将成为企业报表中可以列示的重要科目，用于公司的经营管理；同时认为，数据成为资产负债表中列示的科目是必然的[158]。从会计的角度来看，数据资产作为一种资产，必须符合资产的定义和确认条件。《数据资产评估指南》将其定义为组织合法拥有或控制的、能进行计量的，预期能为组织带来经济利益和社会价值的数据资源。而在《资产评估专家指引第 9 号——数据资产评估》（以下简称《指引》）与《中国数据要素市场发展报告（2020—2021）》中，数据资产被认为是符合资产特性的数据资源。本文对数据资产的定义参照中评协发布的《指引》中的定义，即数据资产是指由特定主体合法拥有或者控制，能持续发挥作用并且能带来直接或者间接经济利益的数据资源。

数据资产从特点上具有无形资产的主要特征，它不具有实物形态，不会因使用而损耗，从而具有非消耗性和可重复使用性。非消耗性使数据资产在商业上产生了一种"赢者通吃"的经济效应，其价值会远高于数据资产的成本。可重复使用性是指数据资产不仅能被创建者和控制者一次又一次地反复使用，也可以被他人识别和重复使用。数据资产具有正外部性，能够产生积极的市场反馈效应。数据资产具有价值的易变性，数据资产的价值容易随着时间流逝而改变。数据资产具有非排他性，数据资产的拥有者需要付出高昂的代价来保护自己的数据资产不被他人随意复制传播。数据资产具有异质性，数据资产针对不同的数据主体有不同的应用场景。数据资产还具有成本弱对应性，大部分有形资产的价值与其生产成本呈正比例关系，而数据资产的价值与其开发成本之间并不存在确切的对应关系。有的数据资产的开发成本较高，但数据资产价值较低；有的数据资产的开发成本较低，却可以为企业带来较高的价值。

2.1.4 数据资产评估

根据《中华人民共和国资产评估法》，资产评估是指评估机构及其评估专业人员根据委托对不动产、动产、无形资产、企业价值、资产损失或者其他经济权益进行评定、估算，并出具评估报告的专业服务行为。因此，数据资产评估可以被定义为资产评估机构及其资产评估专业人员在遵守法律、行政法规和资产评估准则的前提下，接受委托对特定评估目的下的数据资产在评估基准日的价值进行评定和估算，并出具资产评估报告的专业服务行为。数据资产本身的形态千差万别，所以其价值属性取决于不同的使用者和应用场景，使用者和应用场景的不同意味着对数据资产价值的评估就不同。数据资产评估的重要性体现在多个方面，包括支持更好的投资决策、增强数据管理、提高透明度和合规性、促进数据货币化、支持企业估值和并购活动以及促进创新等。

数据资产评估需要遵循一定的原则。第一，供求原则，供求关系会影响数据资产价值。数据资产的定价均是供给和需求共同作用的结果，尽管数据资产定价可能随供求变化的变动不明显，但变动的方向带有规律性。第二，替代原则，价格最低的数据资产对其他同质数据资产具有替代性。第三，预期收益原则，数据资产的价值应当基于数据资产的未来收益加以确定。第四，贡献原则，数据资产在作为资产组合的构成部分时，其价值由对所在资产组合或完整企业整体价值的贡献来衡量。第五，评估时点原则，要确定评估基准日，为数据资产评估提供一个时间基准。数据资产评估是对随着市场条件变化的动态资产价格的静态反映。

数据资产评估还需要遵循评估假设。第一，交易假设。交易假设假定所有被评估数据资产已经处在交易过程中，评估专业人员根据被评估数据资产的交易条件等模拟市场进行评估。交易假设一方面为数据资产评估得以进行创造了条件；另一方面它明确限定了数据资产评估的外部环境，即数据资产是被置于市场交易之中的，数据资产评估不能脱离市场条件而孤立地进行。第二，公开市场假设。公开市场假设假定数据资产可以在充分竞争的市场上自由买卖，其价格高低取决于市场的供给状况下独立的买卖双方对数据资产的价值判断。公开市场假设旨在说明一种充分竞争的市场环境，在这种环境下，数据资产的交换价值受市场机制的制约并由市场行情决定。第三，持续使用假设。持续使用假设假定被评估数据资产正处于使用状态下，并假定这些处于使用状态下的数据资产还将继续使用下去。第四，最佳用途假设。最佳用途指数据资产在法律上允许、技术上可能、经济上可行，经过充分合理的论证，能使该项数据资产实现其最高价值的用途。如果评估数据资产的市场价值，通常使用该假设。第五，被评估数据资产所处行业的法律法规和政策在预测期内无重大变化。

与一般的资产评估不同，数据资产评估受多种因素影响。第一，数据资产的质量，包括数据资产的准确性、一致性、完整性、规范性、时效性等因素。第二，数据资产的成本，包括数据资产整体的规划成本、数据资产的建设成本、数据资产的维护成本和其他成本。第三，数据资产的流通性，包括数据资产的供求关系和历史交易情况。第四，数据资产的应用情况，包括数据资产的使用范围、应用场景、预期收益和预期寿命等因素。

2.1.5　财政监管

财政部门依法对数据资产评估活动进行监督管理，以确保评估活动的合规性、合法性以及评估结果的公正性和准确性。数据资产评估财政监管是一系列财政监管措施和活动的总称，旨在规范数据资产评估行为，保护数据资产所有者和使用者的合法权益，促进数据资产市场的健康发展。

《资产评估行业财政监督管理办法》规定，财政部门对资产评估行业监督管理实行行政监管、行业自律与机构自主管理相结合的原则。财政部负责统筹财政部门对全国资产评估行业的监督管理，制定有关监督管理办法和资产评估基本准则，指导和督促地方财政部门实施监督管理；各省级财政部门负责对本行政区域内资产评估行业实施监督管理；中国资产评估协会及地方资产评估协会依照法律、行政法规、本办法和其协会章程的规定，负责资产评估行业的自律管理。

为规范和加强数据资产管理，更好推动数字经济发展，财政部于 2023 年底印发了《关于加强数据资产管理的指导意见》。该意见指出，应该构建"市场主导、政府引导、多方共建"的数据资产治理模式，逐步建立完善数据资产管理制度，不断拓展应用场景，不断提升和丰富数据资产经济价值和社会价值，推进数据资产全过程管理以及合规化、标准化、增值化。数据资产管理主要涉及以下几个方面：第一，系统性，构建系统化监管框架，涉及行政监管、市场监管、司法监管、自律监管、社会监管等不同主体的监管。第二，风险防控，强化数据资产安全和隐私保护，有效防范和化解各类数据资产安全风险。第三，信息披露，要求增强数据资产信息披露的完整性和准确性。第四，应急管理，加强数据资产应急管理，确保在面临风险时能够及时有效地应对。

2.2　数据资产评估理论基础

2.2.1　效用价值理论

效用价值理论是消费者行为理论的一种，阐述效用与价值之间的关系。消费者行为选择的目标，是在一定条件下追求效用的最大化。经济学家将消费者在消费某种商品中所获得的满意程度称为效用。效用具有主观性，一个商品的效用与消费者消费该商品的欲望和能力有关。英国早期经济学家巴本将效用论归纳为，一切物品的价值都取决于物品的效用，但是这种观念无法解释商品间交换的比例问题。所以，后来经济学家又提出了相关理论对商品间的交换比例进行解释。

效用价值理论包括马歇尔提出的基数效用论和希克斯提出的序数效用论。基数效用论认为效用可以用基数表示，并结合边际效用分析法探讨效用最大化的条件。序数效用论认为，商品给消费者带来的效用大小可以进行排序，结合无差异曲线分析消费者的行为选择。在商品的替代过程中，具有商品边际替代率递减规律。在预算约束下，两种商品的边际替代率相等时，消费者能够实现效用最大化。虽然两种价值理论采用了不同的分析方法，但是两种方法的效用最大化的均衡条件在本质上是一致的。

效用价值理论是资产评估的基础理论之一，也是收益法的理论基础。收益法将预期收益视为一种可衡量的效用，是效用价值理论在收益法中的运用和发展。在进行数据资产评估时，需要考虑数据资产的效用，考虑数据资产作为新的生产要素，在不同的要素组合情况下对总体的贡献，根据具体贡献评估数据资产价值。目前，很多学者采用层次分析法评估数据资产价值也是基于效用价值理论。

2.2.2 均衡价值理论

均衡价值理论，又称均衡价格理论，是指微观经济学中用来描述市场上供给和需求关系对商品价格影响的理论。这一理论最早由英国经济学家阿尔弗雷德·马歇尔提出，并在20世纪初期被广泛采用。

需求和供给是均衡价值理论的两个重要概念。需求是指消费者在一定时期内，在各种可能的价格水平下愿意并且能够购买的商品或服务的数量。需求曲线通常呈现从左上到右下的倾斜，这反映了商品价格与需求量之间的负相关关系，即价格上升，需求量下降，价格下降，需求量上升。供给是指生产者在一定时期内，在各种可能的价格水平下愿意并且能够提供的商品或服务的数量。供给曲线通常呈现从左下到右上的倾斜，这反映了商品价格与供给量之间的正相关关系，即价格上升，供给量增加，价格下降，供给量减少。

在均衡价格理论中，市场价格是由供给和需求两种力量共同决定的。当市场上的商品或服务的供给量等于需求量时，市场达到均衡状态，此时的价格称为均衡价格。均衡价格是供给曲线与需求曲线相交的点。需求和供给的变动会直接影响市场均衡的价格和数量。需求增加时，价格上升，数量增加；需求减少时，价格下降，数量减少。供给增加时，价格下降，数量增加；供给减少时，价格上升，数量减少。需求和供给同时增加，数量增加；需求和供给同时减少，数量减少。需求增加而供给减少时，价格上升；需求减少而供给增加时，价格下降。这些变动取决于需求和供给的相对变化强度，以及需求曲线与供给曲线的弹性。

均衡价值理论是资产评估的基础理论之一，也是市场法的理论基础。在进行数据资产评估时，需要考虑数据资产的市场需求、应用场景、法律环境、技术变革等多种因素。具体来讲，主要考虑以下几个方面：第一，市场对数据资产的需求强度。市场需求的强度和紧迫性直接影响数据资产的价值。第二，数据资产的供给状况。如果数据资产的供给量有限或者增长缓慢，而需求相对稳定或有增长，那么数据资产的价格一般会提高。第三，数据资产的价值不是静态不变的，会随着市场供求的变化而变化。均衡价值理论强调了价格的动态调整，即随着市场供需关系的变化，数据资产的价值也会相应调整。

2.2.3　劳动价值理论

劳动价值理论是马克思主义政治经济学的核心理论之一。劳动价值理论认为，商品的价值由生产该商品所必需的社会必要劳动时间决定。社会必要劳动时间是指在现有的社会正常的生产条件下，按照社会平均的劳动熟练程度和劳动强度生产某种商品所需要的劳动时间。

劳动价值理论认为，社会必要劳动时间是衡量商品价值的重要尺度。一般情况下，单位商品的价值量与社会必要劳动时间成正比，与社会劳动生产率成反比。社会劳动生产率也与社会必要劳动时间有关，社会劳动生产率提高会降低生产商品的社会必要劳动时间，从而影响单位商品的价值量。社会必要劳动时间决定了商品的价值，而商品的价格则受供求关系的影响。当供求关系一致时，价格与价值相一致；当供不应求或供过于求时，价格会高于或低于价值。

在劳动价值理论中，商品的二因素指的是商品的使用价值和价值。使用价值是指商品满足人类某种特定需要的属性或功能，是商品的自然属性，与商品的物质形态直接相关。价值是指商品在交换过程中表现出来的社会属性，代表了商品生产过程中所耗费的社会必要劳动时间。任何商品都是使用价值和价值的统一体。商品必须同时具有使用价值和价值才能在市场上进行交换。在商品市场上，生产者关注商品的价值，希望通过交换获得收益；消费者关注商品的使用价值，希望满足自己的需要。

在劳动价值理论中，抽象劳动和具体劳动是两个重要的概念，解释了劳动在商品生产和价值创造中的作用。具体劳动指的是有目的的具体的工作，决定了商品的使用价值，即商品的有用性，不同的具体劳动会产生不同的使用价值。而抽象劳动是撇开了具体形式的一般人类劳动，是劳动的共同属性，即劳动力在生产过程中的耗费，是形成商品价值的实体。抽象劳动体现的是社会关系，表明了商品生产者之间的社会联系和相互依赖。只有当具体劳动被还原为抽象劳动时，不同商品才能相互比较和交换。此外，简单劳动和复杂劳动也是劳动价值理论中的重要内容。简单劳动是指不需要特殊技能或只需较少技能培训的劳动。复杂劳动是指需要特殊技能、知识和更高水平培训的劳动。复杂劳动通常需要花费更多的时间和精力来学习和掌握特定的技能，复杂劳动通常被看作多倍的简单劳动。但无论是简单劳动还是复杂劳动，都是创造价值的源泉。

在劳动价值理论中，商品的总价值由不变资本、可变资本和剩余价值三部分组成。不变资本是生产商品时消耗的原料、辅助材料、厂房折旧、机器设备等的价值。不变资本的价值在商品生产过程中不发生变化，直接转移到新产品中去。可变资本是指用来支付工人工资的资本。可变资本在生产过程中的价值是可变的，因为可以通过工人的劳动创造出剩余价值。剩余价值是劳动者创造的价值中超过其劳动力价值的部分，也是资本家从劳动者那里获取的无偿劳动的体现，是资本家利润的来源。

劳动价值理论既是资产评估的基础理论之一，也是成本法的理论基础。在进行数据资产评估时，需要考虑以下几个方面：第一，数据的采集、处理、分析等各个环节中所投入的劳动力的量和不变成本的消耗量。第二，数据资产中包含的体现劳动力价值的大量专业知识和技能等知识资本的积累。第三，数据资产的使用价值。数据资产的价格与其能够为用户带来的效用直接相关。第四，数据资产的交换价值。虽然数据资产的价值取决于生产数据资产的社会必要劳动时间，但是数据的价格还会受到市场供求关系的影响。

2.2.4 期权定价理论

期权是一种衍生金融工具，赋予持有者在特定时间以特定价格买入或卖出某种资产的权利。期权的价值通常由内涵价值和时间价值两部分组成。内涵价值即内在价值，是指立即行使期权所能获得的收益。时间价值即外在价值，是指期权在到期前标的资产价格变动的潜在价值。

期权的价值由多个因素决定，包括期权的类型、标的资产的当前价格、执行价格、剩余到期时间、标的资产的价格波动性、无风险利率等。期权定价模型是将期权价格影响因素作为参数建立起来的数学模型。目前，主要的期权定价模型有布莱克-舒尔斯模型（Black-Scholes 模型，简称 B-S 模型）、二项树模型、蒙特卡洛模拟模型、确定性套利模型等。

在期权定价理论中，还有三个关键的理论基础。第一，无套利定价原理。它是指在一个充分发达且没有摩擦的市场中，任何套利机会都将迅速被市场参与者利用而消除，从而使市场上的资产价格达到一种平衡状态。简而言之，无套利定价原理认为在一个没有风险的环境中，任何资产的理论价格应该等于其预期未来现金流的贴现值。无套利定价的关键技术是所谓的"复制"技术，即用一组证券来复制另外一组证券，使两组证券在期初和期末的现金流相同。如果两个金融工具的现金流相同，但它们的折现率不一样，它们的市场价格就肯定不同，这时就存在套利机会。套利者会通过对价格高者做空头、对价格低者做多头，实现套利目标，直至两者的收益率相等。第二，风险中性定理。它假设市场上的所有参与者都是风险中性的，即对未来的不确定性不要求风险溢价。在风险中性假设下，所有资产的预期回报率都等于无风险利率，这意味着资产的现值可以通过将未来的现金流按照无风险利率进行折现来计算。这种方法允许在一个假设的、没有风险的市场环境中对资产进行定价，这个价格有时在实际市场中也是适用的，因为任何偏离这个价格的资产都会存在套利机会。第三，市场完全性与有效性假设。市场完全性通常指的是市场中不存在交易成本、税收、保证金要求或其他市场摩擦，且所有证券都可以被无限分割和卖空。在完全性市场中，投资者可以自由交易，不存在限制，从而可以通过构建无风险套利组合来利用价格失衡。有效市场假说则认为，市场价格反映了所有可用信息，包括历史价格和新信息。在有效市场中，任何资产的当前价格都是其未来价格的最佳预测。因此，基于历史价格的交易策略不可能产生超额回报。

期权定价理论是实务期权评估的理论基础。期权定价理论很好地刻画了未来的不确定性和风险。在进行数据资产评估时，可以充分考虑评估环境下数据资产的不确定性、期权性和可选择性，帮助评估专业人员从不同角度理解和量化数据资产的价值，克服传统评估方法的局限性。第一，数据资产具有不确定性。市场是不断变化发展的，数据资产也需要不断地更新发展来适应市场行情，具有很强的时效性。第二，数据资产具有看涨期权性。企业购买数据资产是因为其能够给企业带来未来超额收益，而如果数据资产无法再为企业带来超额收益，企业可以选择放弃维护和使用数据资产。第三，数据资产具有可选择性。企业在获得数据资产后，并非必须马上投入使用，可以根据企业发展规划、外部市场环境状况等，选择在企业能够充分利用数据资产带来收益的时候投入使用，或者在市场情况不利时放弃使用数据资产。

2.2.5 其他相关理论

1. 货币时间价值理论

货币时间价值是一种客观的经济现象，是指货币随着时间的推移，经历投资和再投资而得到的最低增值，因此也称为资本时间价值、投资时间价值。货币成为资本后所进行的生产经营循环过程要求一定的投资回报，即资本的增值。具体表现为投资时间越长、投资风险越大，要求的资本增值量越大。从资金供给角度分析，表现为让渡资本使用权应该得到的投资回报。从资金需求角度分析，表现为资金需求者需要付出的资本成本。从货币的稀缺性角度分析，由于未来不同的时点所对应的风险不同，人们总是偏好于尽可能地规避风险，此时的货币是人们可以操纵也是最认可的，考虑到未来通货膨胀、货币贬值的不确定性，相同面值的货币现时价值在一般情况下是大于未来的价值的。因此，人们在让渡货币使用权时，为了规避风险和货币贬值，需要收取一定的报酬，这便表现为货币的时间价值。对于时间价值的来源，英国经济学家西尼尔提出了节欲论，认为利息是货币所有者放弃当前消费，延迟消费所获得的报酬。

由于存在货币时间价值，不同时点上的等量货币的价值不同，所以需要将不同时点的货币转化为同一时点的货币进行比较。在理论上，货币的时间价值表现为没有投资风险和没有通货膨胀条件下的社会平均投资报酬率，是投资项目要求的最低回报率。在实践中，货币时间价值广泛运用于投资决策，可以采用无风险利率来衡量货币的时间价值，如国债利率、银行贷款利率等。

货币时间价值理论是金融工具估值的基本理论基础。建立在货币时间价值理论基础上的收益法是数据资产价值评估中经常采用的评估方法。在应用收益法时，需要衡量数据资产未来的预期收益，而不同时点的预期收益无法直接进行运算，需要通过折现率转换为现值。这个折现率反映了货币的时间价值，通过折现可以量化未来收益的当前价值，并据此评估数据资产的价值。在实际评估中，数据资产评估可能会采用多种方法，但无论哪种具体方法，货币时间价值理论都是不可或缺的，确保了评估结果能够真实反映数据资产的价值。

2. 要素价值理论

要素价值理论是经济学中的重要理论之一，主要用于解释生产过程中各种生产要素对产品价值形成的贡献。根据要素价值理论，不同生产要素的投入将影响最终产品的价值，从而决定生产要素的报酬。经典的要素价值理论集中于土地、资本、劳动力三要素的结合，强调生产过程中应该对贡献要素的所有者进行分配。该理论认为资本、土地同劳动力一样，共同创造产品，也是产品价值的来源，应该参与分配。随着数字经济的发展，数据成为继土地、劳动力、资本与技术等传统生产要素之后的新型生产要素，也应该参与到生产分配的过程中。

数字经济时代，数据改变着人类的生产方式、生活方式和思维模式。数据作为传递信息的工具，已在多个行业得到广泛应用。数据是企业管理和决策所必需的基础信息，也是企业创新的重要基础。戚聿东等（2020）认为，数据成为关键的生产要素是由生产力发展带来的内部矛盾和需求升级的外部条件所决定的[159]。一方面，数据要素通过"替代效应"替代某些传统生产要素，促进劳动生产率的提高。另一方面，数据要素通过"协同融合效应"与企业其他生产资料融合应用，既能降低生产环节的信息不对称，又能减少传统要素衔接的冗余成本，进而提高产业链整体的运行效率。应用要素价值理论，从数据要素的贡献出发，对影响数据要素价值的因素进行分析，为后续数据资产评估奠定基础。

3. 生命周期理论

生命周期理论是一种用来解释事物发展和变化的理论。该理论认为事物的发展过程可以划分为不同的阶段，每个阶段都具有独有的特征和发展趋势。在事物的生命周期中，每个阶段都伴随着特定的变化，这些变化可能涉及生产、销售、需求、投资等多个方面，而且每个阶段都有其独特的经济和社会影响。

借鉴传统资产生命周期的划分方式，将数据资产的价值实现过程分成四个阶段。第一个阶段是开发阶段。数据资产在这个阶段被创建、收集或准备，数据资产的投入成本较高，但基本无收益。第二个阶段是赋能阶段。数据资产在这个阶段通过分析、挖掘和应用被赋予更高层次的价值。数据不仅是一种记录，更是一种战略性的资源。该阶段，数据资产增加最快，获益能力提高的同时，面临的市场风险也在不断增加。第三个阶段是活跃交易阶段。数据资产在这个阶段被广泛应用于企业的业务流程、客户交互、市场推广等日常运营中。该阶段，数据资产已经完全开发完成，增长缓慢，趋于稳定。在成熟活跃的数据市场上流通的交易标的既可以是开发完成的数据资产，也可以是数据资产的附加价值。第四个阶段是处置阶段。随着数据研发技术的进步或者数据运营过程中出现管理不善的问题，继续对数据资产进行研发投入、管理维护可能会出现成本大于收益的情况，此时继续持有数据资产变得不经济，需要对数据资产进行处置，以减少存储成本、降低安全风险。

数据资产在不同的生命周期阶段有不同的特点。在进行数据资产评估时，应紧密结合其所在阶段的特点，选用恰当的方法进行评估。

4. 数据信息老化理论

数据信息老化理论基于信息老化理论。传统的信息老化理论是美国学者高斯纳尔提出的，即随着时间的推移，文献资料逐渐变得不再有用或者不再有效。随着互联网技术的发展和大数据概念的传播，人们将信息老化理论推广到了数据领域，形成了数据信息老化理论。数据产生后，其包含的有效信息随着时间的单向流逝而不断流失。因此，对于实时更新的数据，人们应更关注数据的时效性。

众多学者针对数据信息老化进行了研究。马费成等（2009）对网络信息的效用价值和时间的关系进行了实证分析，根据实证结果绘制的数据资产效用价值随着时间推移不断变化的图像[160]，如图 2-1 所示。

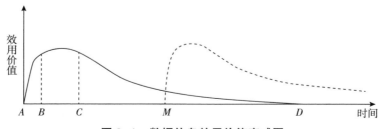

图 2-1　数据信息效用价值衰减图

马费成将 *A—B* 段时间定义为信息效用价值的成长期，*B—C* 段定义为成熟期，*C—D* 段为衰退期，其中 *M* 为半衰期。在 *A—B* 段，信息刚刚产生，关注度随之上升，其价值也随之上升。随着时间的推移，信息被更多人知晓，更多人挖掘信息的价值，其效用便达到顶峰。最后，人们热情消退，信息不再受到关注，其价值便会下降。众多研究结果表明，信息的效用价值和统计学中的伽马分布的特殊分布卡方分布类似，也符合数据资产价值分布，因为数据资产的价值就是其中的有效信息。

数据资产最大的价值在于其能提供有用的信息，只有最准确且最及时的数据才能在最大程度上获得竞争优势。随着时间的推移，数据资产提供有用信息的能力会不断下降，其价值将会不断衰减。数据价值衰减即数据信息老化，在数据资产评估中应该得到体现。

第3章 数据资产评估财政监管依据

本书是基于财政监管视角来研究数据资产评估，因此本章主要介绍财政部发布的《资产评估行业财政监督管理办法》《关于加强数据资产管理的指导意见》和在财政部指导下，中国资产评估协会发布的《数据资产评估指导意见》《资产评估专家指引第9号——数据资产评估》的主要内容。

3.1 《资产评估行业财政监督管理办法》主要内容

3.1.1 监管目的与监管责任

为了加强资产评估行业财政监督管理，促进资产评估行业健康发展，根据《中华人民共和国资产评估法》等法律、行政法规和国务院的有关规定，财政部制定了《资产评估行业财政监督管理办法》。该办法适用于资产评估机构及其资产评估专业人员根据委托对单项资产、资产组合、企业价值、金融权益、资产损失或者其他经济权益进行评定、估算，并出具资产评估报告的专业服务行为，以及财政部门对资产评估行业的监督管理。

财政部门对资产评估行业的监督管理遵循行政监管、行业自律与机构自主管理相结合的原则。财政部负责统筹财政部门对全国资产评估行业的监督管理，制定有关监督管理办法和资产评估基本准则，指导和督促地方财政部门实施监督管理；各省级财政部门负责对本行政区域内资产评估行业实施监督管理；中国资产评估协会及地方资产评估协会依照法律、行政法规、本办法和其协会章程的规定，负责资产评估行业的自律管理。

3.1.2　对资产评估专业人员与资产评估机构的监管

资产评估专业人员指资产评估师和其他具有资产评估专业知识及实践经验的人员。资产评估专业人员从事本办法规定的资产评估业务，应当接受财政部门的监管。除从事法定资产评估业务外，资产评估专业人员所需的资产评估专业知识及实践经验，由资产评估机构自主评价认定。资产评估专业人员需加入资产评估机构，并只能在一个机构从事业务。从事资产评估业务时，评估人员应当遵守法律、行政法规和本办法的规定，依法签署资产评估报告，不得签署本人未承办业务的资产评估报告或者有重大遗漏的资产评估报告，未取得资产评估师资格的人员，不得签署法定资产评估业务资产评估报告，其签署的法定资产评估业务资产评估报告无效。资产评估专业人员应当接受资产评估协会的自律管理和所在资产评估机构的自主管理，不得从事损害资产评估机构合法利益的活动，加入资产评估协会的资产评估专业人员，平等享有章程规定的权利，履行章程规定的义务。

资产评估机构应依法采用合伙或公司形式，在开展业务时，评估机构需遵守资产评估准则，加强内部审核，严格控制执业风险，同时应建立健全质量控制制度和内部管理制度。其中，内部管理制度包括资产评估业务管理制度、业务档案管理制度、人事管理制度、继续教育制度、财务管理制度等。实行集团化发展的资产评估机构，应当在质量控制、内部管理、客户服务、企业形象、信息化等方面，对设立的分支机构实行统一管理，或者对集团成员实行统一政策。若资产评估机构开展法定资产评估业务，应当指定至少 2 名资产评估师承办，不具备 2 名以上资产评估师条件的资产评估机构，不得开展法定资产评估业务。法定资产评估业务资产评估报告应当由 2 名以上承办业务的资产评估师签署，并履行内部程序后加盖资产评估机构印章，资产评估机构及签字资产评估师依法承担责任。资产评估机构应根据业务需要建立职业风险基金管理制度，或者自愿购买职业责任保险，完善职业风险防范机制。资产评估机构建立职业风险基金管理制度的，按照财政部的具体规定提取、管理和使用职业风险基金。另外，资产评估机构应当指定一名取得资产评估师资格的本机构合伙人或者股东专门负责执业质量控制。

资产评估机构设立分支机构的，应当比照资产评估机构本身的备案流程，由资产评估机构向其分支机构所在地省级财政部门备案，备案材料完备且符合要求的，省级财政部门收齐备案材料即完成备案，并将分支机构备案情况向社会公开，同时告知资产评估机构所在地省级财政部门；分支机构应当在资产评估机构授权范围内，依法从事资产评估业务，并以资产评估机构的名义出具资产评估报告。

资产评估机构应当对其分支机构的业务进行统一管理，确保分支机构的业务活动符合资产评估准则和相关法律法规的要求；资产评估机构和分支机构应当在每年 3 月 31 日之前，向所加入的资产评估协会报送包括分支机构基本情况、上一年度资产评估项目重要信息等材料；资产评估机构对其分支机构的业务活动承担法律责任，确保分支机构的业务质量和执业风险得到有效控制。

此外，对于涉及国有资产或公共利益等事项的法定资产评估业务，需由符合条件的资产评估机构承接。本办法也明确了违反本办法规定的资产评估机构、资产评估专业人员及相关人员的法律责任。

3.1.3 对资产评估协会的监管

中国资产评估协会和地方资产评估协会依照法律、行政法规、本办法和其协会章程的规定，负责全国和各地方资产评估行业的自律管理，接受有关财政部门的监督，不得损害国家利益和社会公共利益，不得损害会员的合法权益。资产评估协会通过制定章程规范协会内部管理和活动，协会章程应当由会员代表大会制定，经登记管理机关核准后，报有关财政部门备案。

资产评估机构和分支机构每年需向所加入的资产评估协会报送基本情况、上一年度资产评估项目重要信息等材料，以便协会进行自律管理和监督。在管理过程中，资产评估协会应当依法履行职责，向有关财政部门提供资产评估师信息，及时向有关财政部门报告会员信用档案、会员自律检查情况及奖惩情况。加入资产评估协会的资产评估机构和分支机构以及资产评估专业人员，平等享有章程规定的权利，履行章程规定的义务。资产评估协会需要负责组织专业培训，提升资产评估专业人员的业务能力和职业素养，促进行业内外的技术交流与合作，推动资产评估行业的技术进步和创新发展；对于违反规定的资产评估机构和个人，资产评估协会有权按照协会章程和相关规定进行处理，包括公开谴责、列入黑名单等措施。这些措施旨在维护行业声誉和公平竞争环境，确保资产评估行业的健康、有序发展。

3.1.4 对资产评估行业的监督检查与调查处理

财政部组织开展资产评估执业质量专项检查，并根据工作需要，对地方资产评估协会履行职责情况进行抽查，同时指导和督促地方财政部门对资产评估行业的监督检查，并对其检查情况予以抽查。省级财政部门开展监督检查，包括年度检查和必要的专项检查，对本行政区域内资产评估机构包括分支机构相关事项进行重点检查，并将检查结果予以公开，同时向财政部报告。财政部门开展资产评估行业监督检查，由本部门 2 名以上执法人员组成检查组，经财政部门检查认定虚假资产评估报告和重大遗漏资产评估报告，应当以资产评估准则为依据，组织相关专家进行专业技术论证，也可以委托资产评估协会组织专家提供专业技术支持。检查过程中，财政部和省级财政部门发现资产评估专业人员、资产评估机构和资产评估协会存在违法情形的，应当依照资产评估法等法律、行政法规和本办法的规定处理、处罚。涉嫌犯罪的，移送司法机关处理。当事人对行政处理、行政处罚决定不服的，可以依法申请行政复议或者提起行政诉讼。

资产评估委托人或资产评估报告使用人发现资产评估机构或资产评估专业人员的相关违法行为，可以向对该资产评估机构备案的省级财政部门进行投诉、举报，其他公民、法人或其他组织可以向对该资产评估机构备案的省级财政部门举报。投诉、举报应当通过书面形式实名进行，并如实反映情况，提供相关证明材料。财政部门接到投诉、举报的事项，应当在 15 个工作日内作出是否受理的书面决定，投诉、举报事项属于财政部门职责的，财政部门应当予以受理；不予受理的，应当说明理由，及时告知实名投诉人、举报人。财政部门受理投诉、举报，应当采用书面审查的方式及时进行处理，必要时可以成立由本部门 2 名以上执法人员和聘用的专家组成的调查组，进行调查取证。调查组成员与当事人有直接利害关系的，应当回避；对调查工作中知悉的国家秘密和商业秘密，应当保密。调查组有权进入被投诉举报单位现场调查，查阅、复印有关凭证、文件等资料，应将调查内容与事项予以记录和摘录，编制调查工作底稿。调查中取得的证据、材料以及工作底稿，应当有提供者或者被调查人的签名或者盖章，未取得提供者或者被调查人签名或者盖章的材料，调查组应当注明原因。在有关证据可能灭失或者以后难以取得的情况下，经财政部门负责人批准，调查组可以先行登记保存，并应当在 7 个工作日内及时作出处理决定，被调查人或者有关人员不得销毁或者转移证据。经调查，发现资产评估专业人员、资产评估机构和资产评估协会存在违法情形的，财政部和省级财政部门按照本办法规定予以处理。

3.2 《关于加强数据资产管理的指导意见》主要内容

数据资产作为经济社会数字化转型进程中的新兴资产类型，正日益成为推动数字中国建设和加快数字经济发展的重要战略资源。为规范和加强数据资产管理，更好地推动数字经济发展，财政部制定了《关于加强数据资产管理的指导意见》。

3.2.1 数据资产管理总体目标

根据《关于加强数据资产管理的指导意见》，应该构建"市场主导、政府引导、多方共建"的数据资产治理模式，逐步建立完善的数据资产管理制度，不断拓展应用场景，不断提升和丰富数据资产经济价值和社会价值，推进数据资产全过程管理以及合规化、标准化、增值化。

3.2.2 数据资产管理基本原则

第一，坚持确保安全与合规利用相结合。统筹发展和安全，正确处理数据资产安全、个人信息保护与数据资产开发利用的关系。以保障数据安全为前提，对需要严格保护的数据，审慎推进数据资产化；对可开发利用的数据，支持合规推进数据资产化，进一步发挥数据资产价值。

第二，坚持权利分置与赋能增值相结合。适应数据资产多用途属性，按照"权责匹配、保护严格、流转顺畅、利用充分"的原则，明确数据资产管理各方权利义务，推动数据资产权利分置，完善数据资产权利体系，丰富权利类型，有效赋能增值，夯实开发利用基础。

第三，坚持分类分级与平等保护相结合。加强数据分类分级管理，建立数据资产分类分级授权使用规范。鼓励按用途增加公共数据资产供给，推动用于公共治理、公益事业的公共数据资产有条件无偿使用，平等保护各类数据资产权利主体合法权益。

第四，坚持有效市场与有为政府相结合。充分发挥市场配置资源的决定性作用，探索多样化有偿使用方式。支持用于产业发展、行业发展的公共数据资产有条件有偿使用。加大政府引导调节力度，探索建立公共数据资产开发利用和收益分配机制。强化政府对数据资产全过程监管，加强数据资产全过程管理。

第五，坚持创新方式与试点先行相结合。强化部门协同联动，完善数据资产管理体制机制。坚持顶层设计与基层探索相结合，坚持改革于法有据，既要发挥顶层设计指导作用，又要鼓励支持各方因地制宜、大胆探索。

3.2.3　数据资产管理主要任务

第一，依法合规管理数据资产，保护各类主体在依法收集、生成、存储、管理数据资产过程中的相关权益。第二，明晰数据资产权责关系，适应数据多种属性和经济社会发展要求，与数据分类分级、确权授权使用要求相衔接，落实数据资源持有权、数据加工使用权和数据产品经营权权利分置要求，加快构建分类科学的数据资产产权体系。第三，完善数据资产相关标准，推动技术、安全、质量、分类、价值评估、管理运营等数据资产相关标准建设。第四，加强数据资产使用管理，鼓励数据资产持有主体提升数据资产数字化管理能力，支持各类主体依法依规行使数据资产相关权利，促进数据资产价值复用和市场化流通。第五，稳妥推动数据资产开发利用，完善数据资产开发利用规则，推进形成权责清晰、过程透明、风险可控的数据资产开发利用机制。第六，健全数据资产价值评估体系，推进数据资产评估标准和制度建设，加强数据资产评估能力建设，推动数据资产价值评估业务信息化建设，构建数据资产价值评估标准库、规则库、指标库、模型库和案例库等。第七，完善数据资产收益分配机制，按照"谁投入、谁贡献、谁受益"的原则，依法依规维护各相关主体数据资产权益。第八，规范数据资产销毁处置，加强数据资产应急管理，严防数据资产价值应用风险。第九，强化数据资产过程监测，落实数据资产安全管理责任，按照分类分级原则落实数据安全保护制度。第十，完善数据资产信息披露和报告，鼓励数据资产各相关主体按要求及时披露、公开数据资产信息，增加数据资产供给。第十一，严防数据资产价值应用风险，建立数据资产协同管理的应用价值风险防控机制，多方联动细化操作流程及关键管控点，鼓励借助中介机构力量和专业优势，有效识别和管控数据资产化、数据资产资本化以及证券化的潜在风险。

3.3　《数据资产评估指导意见》主要内容

为规范数据资产评估行为，保护资产评估当事人合法权益和公共利益，根据《资产评估基本准则》及其他相关资产评估准则，中国资产评估协会制定了《数据资产评估指导意见》。

3.3.1 基本遵循

执行数据资产评估业务，应当遵守法律、行政法规和资产评估准则，坚持独立、客观、公正的原则，合理使用评估假设和限制条件，独立进行分析和估算并形成专业意见，诚实守信，勤勉尽责，谨慎从业，遵守职业道德规范，自觉维护职业形象，不得从事损害职业形象的活动。执行数据资产评估业务，应当独立进行分析和估算并形成专业意见，拒绝委托人或者其他相关当事人的干预，不得直接以预先设定的价值作为评估结论。

执行数据资产评估业务，应当具备数据资产评估的专业知识和实践经验，缺乏特定的数据资产评估专业知识、技术手段和经验时，可以通过利用数据领域专家工作成果及相关专业报告等手段进行弥补。

执行数据资产评估业务，应当根据评估业务具体情况和数据资产的特性，对评估对象进行针对性的现场调查，收集数据资产基本信息、权利信息、相关财务会计信息和其他资料，并进行核查验证、分析整理和记录，核查数据资产基本信息可以利用数据领域专家工作成果及相关专业报告等。资产评估专业人员自行履行数据资产基本信息相关的现场核查程序时，应当确保具备相应的专业知识、技术手段和经验。同时，评估专业人员应当关注数据资产的安全性和合法性，并遵守保密原则。

执行企业价值评估中的数据资产评估业务，评估人员应当了解数据资产作为企业资产组成部分的价值可能有别于作为单项资产的价值，其价值取决于它对企业价值的贡献程度。数据资产与其他资产共同发挥作用时，需要采用适当方法区分数据资产和其他资产的贡献，合理评估数据资产价值。

3.3.2 关注数据资产的基本情况与特征

执行数据资产评估业务，可以通过委托人、相关当事人等提供或者自主收集等方式，了解和关注被评估数据资产的信息属性、法律属性、价值属性等基本情况。信息属性主要包括数据名称、数据结构、数据字典、数据规模、数据周期、产生频率及存储方式等。法律属性主要包括授权主体信息、产权持有人信息，以及权利路径、权利类型、权利范围、权利期限、权利限制等权利信息。价值属性主要包括数据覆盖地域、数据所属行业、数据成本信息、数据应用场景、数据质量、数据稀缺性及可替代性等。

执行数据资产评估业务，应当知晓数据资产具有非实体性、依托性、可共享性、可加工性、价值易变性等特征。非实体性是指数据资产无实物形态，需要依托实物载体，但决定数据资产价值的是数据本身，数据资产的非实体性也衍生出数据资产的无消耗性，即其不会因为使用而磨损、消耗；依托性是指数据资产必须存储在一定的介质里，介质的种类包括磁盘、光盘等，同一数据资产可以同时存储于多种介质；可共享性是指在权限可控的前提下，数据资产可以被复制，能够被多个主体共享和应用；可加工性是指数据资产可以通过更新、分析、挖掘等处理方式，改变其状态及形态；价值易变性是指数据资产的价值易发生变化，其价值随应用场景、用户数量、使用频率等的变化而变化。

3.3.3　恰当选择数据资产评估方法

数据资产的评估方法包括收益法、成本法和市场法三种基本方法及其衍生方法。采用收益法评估数据资产价值时，应根据数据资产的历史应用情况及未来应用前景，结合应用或者拟应用数据资产的企业经营状况，重点分析数据资产经济收益的可预测性，考虑收益法的适用性；采用成本法进行评估时，根据形成数据资产所需的全部投入，分析数据资产价值与成本的相关程度，考虑成本法的适用性；采用市场法进行评估时，考虑该数据资产或者类似数据资产是否存在合法合规的、活跃的公开交易市场，是否存在适当数量的可比案例，考虑市场法的适用性。评估人员需根据评估目的、对象等情况选择适用方法。对同一数据资产采用多种评估方法时，应当对所获得的各种测算结果进行分析，说明两种以上评估方法结果的差异及其原因和最终确定评估结论的理由。此外，在对数据资产进行评估时，应坚持独立性、客观性、公正性原则，即评估应基于客观事实和合理假设，评估过程应独立进行分析和估算，拒绝干预，以确保评估结果公正、无偏见。

3.3.4　数据资产评估具体操作要求

执行数据资产评估业务，需要关注影响数据资产的成本因素、场景因素、市场因素和质量因素。成本因素包括形成数据资产所涉及的前期费用、直接成本、间接成本、机会成本和相关税费等；场景因素包括数据资产相应的使用范围、应用场景、商业模式、市场前景、财务预测和应用风险等；市场因素包括数据资产相关的主要交易市场、市场活跃程度、市场参与者和市场供求关系等；质量因素包括数据的准确性、一致性、完整性、规范性、时效性和可访问性等。

资产评估专业人员在关注数据资产质量时，可以利用第三方专业机构出具的数据质量评价专业报告或者其他形式的数据质量评价专业意见等。数据质量评价采用的方法包括但不限于层次分析法、模糊综合评价法和德尔菲法等。

同一数据资产在不同的应用场景下，通常会发挥不同的价值。资产评估专业人员应当通过委托人、相关当事人等提供或者自主收集等方式，了解相应评估目的下评估对象的具体应用场景，选择和使用恰当的价值类型。

3.3.5　数据资产评估披露要求

无论是单独出具数据资产的资产评估报告，还是将数据资产评估作为资产评估报告的组成部分，都应当在资产评估报告中披露必要信息，确保报告使用人能够正确理解评估结论。

单独出具数据资产的资产评估报告，应当说明：数据资产基本信息和权利信息；数据质量评价情况，评价情况应当包括但不限于评价目标、评价方法、评价结果及问题分析等内容；数据资产的应用场景以及数据资产应用所涉及的地域限制、领域限制及法律法规限制等；与数据资产应用场景相关的宏观经济和行业的前景；评估依据的信息来源；利用专家工作或者引用专业报告内容；其他必要信息。同时还要说明有关评估方法的内容：评估方法的选择及其理由；各重要参数的来源、分析、比较与测算过程；对测算结果进行分析，形成评估结论的过程；评估结论成立的假设前提和限制条件。

3.4　《资产评估专家指引第 9 号——数据资产评估》主要内容

为指导资产评估机构及其资产评估专业人员执行数据资产评估业务，中国资产评估协会制定了《资产评估专家指引第 9 号——数据资产评估》，供资产评估机构及其资产评估专业人员执行数据资产评估业务时参考。

3.4.1　数据资产基本状况与价值影响因素

数据资产的基本状况包括数据名称、数据来源、数据规模、产生时间、更新时间、数据类型、呈现形式、时效性、应用范围等。执行数据资产评估业务时，资产评估专业人员可以通过委托人提供、相关当事人提供、自主收集等方式获取数据资产的基本状况。

数据资产的价值影响因素包括技术因素、数据容量、数据价值密度、数据应用的商业模式和其他因素。其中，技术因素通常包括数据获取、数据存储、数据加工、数据挖掘、数据保护、数据共享等。

3.4.2　关注数据资产行业特征对价值的影响

不同行业的数据资产具有不同的特征，这些特征可能会对数据资产的价值产生较大的影响。

金融行业数据资产通常有高效性、风险性、共益性的特点。金融数据资产的高效性体现在数据资产能够提高金融系统运行效率，降低系统运行成本和维护成本，为数据库终端拥有人带来超额利润，数据库终端以科学技术为核心，不断进步的技术可以降低数据库终端的维护成本。金融数据资产的风险性主要包括研发风险和收益风险。研发风险是指在研究开发过程中，研究开发方虽然做了最大限度的努力，但由于现有的认识水平、技术水平、科学知识以及其他现有条件的限制，仍然发生了无法预见、无法克服的技术困难，导致研究开发全部或者部分失败，进而引起的财产上的风险，数据库终端是在经历一系列研发失败之后的阶段性成果，研发失败的支出作为费用处理，账面的资产价值与研发成本具有弱对应性。收益风险是指数据库终端的经济寿命受技术进步和市场不确定性因素的影响较大，竞争对手新开发或者升级的数据库终端有可能使得权利人的该项资产价值下降。金融数据资产的共益性是指数据库终端可以在同一时间不同地点由不同的主体同时使用。例如，数据库终端有不同的账号和密码，不同的个人账号和密码可以同时登录使用，机构的同一个账号和密码也可以同时由机构内不同人员登录使用。

电信行业数据资产通常有关联性、复杂性的特点。电信行业数据资产的关联性是指电信行业数据几乎承载了用户所有的通信行为，并且数据之间存在着天然的关联基因。复杂性是指电信行业数据不仅包括结构化数据，也包括非结构化数据以及混合结构数据。

政府数据资产通常有数量庞大、领域广泛、异构性强的特点。政府数据跨越了农业、气候、教育、能源、金融、地理空间、全球发展、医疗卫生、工作就业、公共安全、科学研究、气象气候等领域。这些来源广泛、数量巨大、非结构化的异质数据，增加了政府管理的难度。数据资产对政府公共管理的潜在利用价值大。尽管数据资产能在各个领域显著提高创新力、竞争力和产出率，但对于不同部门而言，数据资产所带来的收益程度不同。政府数据资产的构成和特点分析表明，政府在数据占有方面具有天然的优势。占有巨量数据是从数据中挖掘出巨大价值的前提，但由于政府数据资产来自横向的不同部门或者管理领域以及纵向的不同层级，其数据资产管理面临着巨大的难度，这一难度既有数据资产及其技术发展方面的障碍，也有政府组织之间相互独立的限制和跨职能部门交流的障碍。

3.4.3　关注数据资产的商业模式

相同的数据资产，由于其应用领域、使用方法、获利方式的不同，会造成数据资产价值有所不同。目前以数据资产为核心的商业模式主要有提供数据服务模式、提供信息服务模式、数字媒体模式、数据资产服务模式、数据空间运营模式、数据资产技术服务模式。

提供数据服务模式是指企业主营业务为出售经广泛收集、精心过滤的时效性强的数据，为用户提供各种商业机会；提供信息服务模式是指企业聚焦某个行业，通过广泛收集相关数据、深度整合萃取信息，以庞大的数据中心加上专用的数据终端，形成数据采集、信息萃取、价值传递的完整链条，通过为用户提供信息服务的形式获利；数字媒体模式是指数字媒体公司通过多媒体服务，面向个体，广泛搜集数据，发挥数据技术的预测能力，开展精准的自营业务和第三方推广营销业务；数据资产服务模式是指企业通过提供软件和硬件等技术开发服务，根据用户需求，从指导、安全认证、应用开发和数据表设计等方面提供全方位数据开发和运行保障服务，满足用户业务需求，提升客户营运能力，并通过评估数据集群运行状态优化运行方案，以充分发挥客户数据资产的使用价值，帮助客户将数据资产转化为实际的生产力；数据空间运营模式是指企业主要为第三方提供专业的数据存储服务业务；数据资产技术服务模式是指企业为第三方提供开发数据资产所需的应用技术和技术支持作为商业模式，例如，提供数据管理以及处理技术、多媒体编解码技术、语音语义识别技术、数据传输与控制技术等。

3.4.4　数据资产评估报告的编制

在编制数据资产评估报告时，可以就数据资产的来源、加工、形成进行描述，关注资产评估相关准则对评估对象产权描述的规定；不得违法披露数据资产涉及的国家安全、商业秘密、个人隐私等数据。

　　编制数据资产评估报告需要反映数据资产的特点，通常包括下列内容：评估对象的详细情况，包括数据资产的名称、来源、数据规模、产生时间、更新时间、数据类型、呈现形式、时效性、应用范围、权利属性、使用权具体形式以及法律状态等；数据资产应用的商业模式；对影响数据资产价值的基本因素、法律因素、经济因素的分析过程；使用的评估假设和前提条件；数据资产的许可使用、转让、诉讼和质押情况；有关评估方法的主要内容，包括评估方法的选取及其理由，评估方法中的运算和逻辑推理公式，各重要参数的来源、分析、比较与测算过程，对测算结果进行分析并形成评估结论的过程；其他必要信息。

　　此外，数据资产价值的评估方法包括成本法、收益法和市场法三种基本方法及其衍生方法。执行数据资产评估业务，应当根据评估目的、评估对象、价值类型、资料收集等情况，分析上述三种基本方法的适用性，选择评估方法。数据资产评估方法的选择应当注意方法的适用性，不可机械地按某种模式或者某种顺序进行。

第4章 数据资产评估主要方法

根据《数据资产评估指导意见》和《资产评估专家指引第9号——数据资产评估》，数据资产价值的评估方法包括收益法、市场法和成本法三种基本方法及其衍生方法。本章主要介绍数据资产评估的收益法、市场法、成本法和实物期权法，以及层次分析法、熵权法、模糊综合评判法、灰色预测法等其他辅助方法。

4.1 收益法

收益法是指通过将评估对象的预期收益资本化或者折现，来确定其价值的各种评估方法的总称。运用收益法需要满足三个前提条件：第一，被评估资产的预期收益可以预测并且可以用货币衡量；第二，资产拥有者获得预期收益所承担的风险也可以预测并可以用货币衡量；第三，被评估资产预期获利年限可以预测。收益法的基本计算公式为：

$$P = \sum_{t=1}^{n} \frac{R_t}{(1+r)^t} \qquad \text{式（4.1）}$$

式中，P 为评估值；R_t 为未来第 t 年的预期收益；r 为折现率；n 为收益年期。

收益法的核心在于合理确定数据资产的预期收益额、收益期限以及折现率三个关键要素。数据资产的收益期限需要考虑法律保护期限、相关合同约定期限、数据资产的产生时间、数据资产的更新时间、数据资产的时效性以及数据资产的权利状况等因素综合确定。数据资产的收益期限不得超出产品或者服务的合理收益期。数据资产的折现率可以通过分析评估基准日的利率、投资回报率，以及数据资产权利实施过程中的技术、经营、市场、资金等因素综合确定。数据资产的折现率可以采用无风险报酬率加风险报酬率的方式确定。数据资产的折现率需与预期收益的口径保持一致。估算数据资产的预期收益，需要区分数据资产和其他资产所获得的收益，分析与之有关的预期变动、收益期限、成本费用、配套资产、现金流量、风险因素等。确定预期收益应该注意区分并剔除与委托评估的数据资产无关的业务产生的收益，并关注数据资产产品或者服务所属行业的市场规模、市场地位以及相关企业的经营情况。

　　根据《数据资产评估指导意见》规定，在估算数据资产带来的预期收益时，根据适用性可以选择采用直接收益预测、增量收益预测、分成收益预测和超额收益预测等方式。因此，数据资产评估收益法公式具体化为以下四种。

1. 直接收益法

　　直接收益法是基于被评估数据资产直接获取的预期收益来确定数据资产评估值的方法。此时，数据资产的预期收益直接为式（4.1）中的 R_t。直接收益法通常适用于被评估数据资产的应用场景及商业模式相对独立，且数据资产对应服务或者产品为企业带来的直接收益可以合理预测的情形。

2. 增量收益法

　　增量收益法是基于被评估数据资产未来增量收益的预期来确定数据资产评估值的方法。该增量收益来源于对被评估数据资产所在的主体和不具有该项数据资产的主体的经营业绩进行对比，即通过对比使用该项数据资产所得到的利润或者现金流量，与没有使用该项数据资产所得到的利润或者现金流量，将二者的差异作为被评估数据资产所对应的增量收益。此时，数据资产的增量收益为式（4.1）中的 R_t。增量收益的计算公式为：

$$R_t = RY_t - RN_t \qquad\qquad 式（4.2）$$

　　式中，R_t 为预测第 t 期数据资产的增量收益；RY_t 为预测第 t 期采用数据资产的收益；RN_t 为预测第 t 期未采用数据资产的收益。

　　增量收益法通常适用于以下两种情形下的数据资产评估：一是可以使应用数据资产主体产生额外的可计量的现金流量或者利润的情形，如通过启用数据资产能够直接有效地开辟新业务或者赋能提高当前业务所带来的额外现金流量或者利润；二是可以使应用数据资产主体获得可计量的成本节约的情形，如通过嵌入大数据分析模型带来的成本费用的降低。

增量收益预测是假定其他资产因素不变的情况下，为获取数据资产收益预测而进行人为模拟的预测途径。在实务中，应用数据资产产生的收益是各种资产共同发挥作用的结果。使用增量收益法时需要合理地把握增量收益的完整性和准确性。资产评估专业人员应当根据实际情况，进行综合性的核查验证并合理运用数据资产的增量收益预测。运用增量收益法计算数据资产价值的优点在于能够直观地反映出数据资产的经济价值，缺点在于难以找到没有数据资产时企业的收益情况。

3. 分成收益法

分成收益法是将总收益在被评估数据资产和产生总收益过程中做出贡献的其他资产之间进行分成来确定数据资产评估值的方法。此时，数据资产的分成收益为式（4.1）中的 R_t。分成收益法的核心是确定分成率，分成率通常包括收入分成率和利润分成率，分成基数相应为收入指标和利润指标。

分成收益法通常适用于软件开发服务、数据平台对接服务、数据分析服务等数据资产应用场景。当其他相关资产要素所产生的收益不可单独计量时可以采用此方法。在确定分成率时，需要对被评估数据资产的成本因素、场景因素、市场因素和质量因素等进行综合分析。

4. 超额收益法

超额收益法是将归属于被评估数据资产所创造的超额收益作为数据资产的预期收益来确定数据资产评估值的方法。首先，测算数据资产与其他相关贡献资产共同创造的整体收益；其次，在整体收益中扣除其他相关贡献资产的贡献，将剩余收益确定为超额收益。除数据资产以外，相关贡献资产还包括流动资产、固定资产、无形资产和组合劳动力等。此时，数据资产的超额收益为式（4.1）中的 R_t。超额收益的计算公式为：

$$R_t = F_t - \sum_{i=1}^{n} C_{ti} \qquad \text{式（4.3）}$$

式中，R_t 为预测第 t 年数据资产的超额收益；F_t 为数据资产与其他相关贡献资产共同产生的整体收益；n 为其他相关贡献资产的种类；i 为其他相关贡献资产的序号；C_{ti} 为预测第 t 年期其他相关贡献资产的收益。

超额收益法通常适用于被评估数据资产可以与资产组中的其他数据资产、无形资产、有形资产的贡献进行合理分割，且贡献之和与企业整体或者资产组正常收益相比后仍有剩余的情形。尤其适合数据资产产生的收益占整体业务比重较高，且其他资产要素对收益的贡献能够明确计量的数据服务公司。在确定超额收益时，首先将被评估数据资产与其他共同发挥作用的相关资产组成资产组，然后调整溢余资产，进而对资产组的预期收益进行估算。在此基础上，剔除非正常项目的收益和费用，以及预测的折旧摊销和资本性支出等，从而确定贡献资产及其贡献率，并估计贡献资产的全部合理贡献。最后将预期收益扣除被评估数据资产以外的其他资产的贡献，得到被评估数据资产的超额收益。

数据资产作为一种新型无形资产，本身不能产生价值，只有与企业拥有的其他有形资产和无形资产结合，运用到企业的生产经营过程中，才会具有价值。所以，数据资产的价值可以通过超额收益的形式体现。尤其是在数据资产商业化模式成熟的企业中，数据资产已经成为企业的核心资产，产生了占领市场、提升市场核心竞争力的社会价值和品牌效应，数据资产价值完全体现在企业的现金流中，超额收益法能够较好地体现数据资产创造价值的方式，更容易被企业管理者、投资者所接受。

收益法是资产评估的基本方法，也是数据资产评估的基本方法。目前，收益法是数据资产评估常用的方法，也是比较容易被接受的方法。但是，收益法评估数据资产也存在局限性。首先，数据资产的预期收益很难准确预测。评估时，需要根据数据资产自身的具体情况或可比数据资产的历史应用情况以及未来应用前景，结合数据资产应用的商业模式进行预测。但是，数据资产收益的不确定性和风险性较强，很难直接预测，也很难将数据资产带来的收益从企业预期收益中分离出来。其次，数据资产的折现率很难客观确定。收益法本身具有折现率确定存在主观性的缺陷，这在一定程度上直接影响评估结果的准确性。最后，数据资产的收益期限较难确定。企业数据资产的时效性较强，更新较快，需要根据具体的维护、应用等情况，确定未来收益期限。

4.2 市场法

市场法是指通过将评估对象与可比参照物进行比较，以可比参照物的市场价格为基础确定评估对象价值的评估方法的总称。具体来说，市场法包括直接比较法和间接比较法。直接比较法是指直接利用参照物的成交价格，以被评估资产的某一特征或若干特征与参照物的同一或若干特征直接进行比较，得到两者的修正系数或调整值，在参照物交易价格的基础上进行修正，从而得到被评估资产价值的各种具体评估方法。间接比较法是利用资产的国家标准、行业标准或市场标准作为基准，分别将被评估资产和参照物整体或分项对比打分，从而得到被评估资产和参照物各自的分值，再利用参照物的市场交易价格以及被评估资产的分值与参照物的分值的比值（系数）求得被评估资产价值的评估方法。运用市场法需要满足两个前提条件：第一，评估对象的可比参照物具有公开的市场，以及活跃的交易；第二，有关交易的必要信息可以获得。市场法的基本计算公式为：

$$被评估资产价值=参照物的市场价格×差异调整系数 \qquad 式（4.4）$$

使用市场法执行数据资产评估业务时，在充分了解被评估数据资产的情况后，需要收集类似数据资产交易案例相关信息，包括交易价格、交易时间、交易条件等信息，并从中选取可比案例。对于类似数据资产，可以从相近数据类型和相近数据用途两个方面获取。目前比较常见的数据类型包括：用户关系数据、基于用户关系产生的社交数据、交易数据、信用数据、移动数据、用户搜索表征的需求数据等。目前比较常见的数据用途包括：精准化营销、产品销售预测和需求管理、客户关系管理、风险管控等。

使用市场法执行数据资产评估业务时，应当收集足够的可比交易案例，并根据数据资产特性对交易信息进行必要调整。根据《资产评估专家指引第9号——数据资产评估》，运用市场法评估数据资产价值的具体计算公式为：

$$被评估数据资产的价值=可比案例数据资产的价值×技术修正系数×$$
$$价值密度修正系数×期日修正系数× \qquad 式（4.5）$$
$$容量修正系数×其他修正系数$$

式中，技术修正系数是由于技术因素带来的数据资产价值差异，这些因素通常包括数据获取、数据存储、数据加工、数据挖掘、数据保护、数据共享等。价值密度修正系数是有效数据占总体数据比例不同带来的数据资产价值差异。价值密度用单位数据的价值来衡量，有效数据占总体数据的比重越大，数据资产价值越高。如果一项数据资产可以进一步拆分为多项子数据资产，每一项子数据资产可能具有不同的价值密度，那么总体的价值密度应当考虑每个子数据资产的价值密度。期日修正系数是评估基准日与可比案例交易日期不同带来的数据资产价值差异。一般来说，离评估基准日越近，越能反映相近商业环境下的成交价格，其价值差异越小。期日修正系数可以用评估基准日价格指数与可比案例交易日价格指数的比例进行计算。容量修正系数是不同数据容量带来的数据资产价值差异。一般情况下，价值密度接近时，容量越大，数据资产价值越高。容量修正系数可以用评估对象的容量与可比案例的容量相比进行计算。其他修正系数是实务中根据数据资产的具体情况具体分析价值影响因素不同带来的数据资产价值差异。比如，数据资产的市场供需状况差异、应用场景差异、适用范围差异等，都可以根据实际情况考虑差异并选择修正系数。

市场法是资产评估的基本方法，也是数据资产评估的基本方法。但是，市场法应用需要找到多个参照物，参照物的交易需要在公开市场条件下进行，并且影响因素都是可以量化的。因此，市场法评估数据资产也存在局限性。首先，当前还没有一个公开活跃的数据资产交易市场。2015 年，贵阳大数据交易所正式挂牌运营，成为全国第一个大数据交易所，为大数据交易提供了平台。随后，陕西、武汉、江苏、哈尔滨、上海等地的交易所落地，京东万象、集合数据、数据宝等数据服务平台相继开放。可见，我国已经开始对数据资产交易进行不断探索。但是，我国现有的数据交易所发展时间较短，数据交易平台还不完善。数据定价、交易的市场化以及数据流通机制不健全，数据流通不通畅，导致数据资产交易存在限制，市场上的数据资产交易并不频繁。其次，不同企业数据资产之间的差异性较大。不同企业对于数据资产的需求、管理都存在较大差异。虽然在运用市场法时可以通过修正系数进行差异调整，但目前差异调整还没有形成一个成熟的体系，在修正差异时存在困难，也存在一定的主观性，直接影响评估结果的科学性和准确性。比如，数据资产的时效性较强，市场需求随时都在变化；不同的企业进行筛选、加工的技术不同，数据资产呈现的内容和价值就不同；数据资产的应用场景不同，客户支付意愿的强烈程度不同，数据资产价值就不同。此外，数据资产的虚拟性使其交易不受物理空间的限制，数据资产交易会涉及消费者个人隐私，甚至国家安全和实体经济安全，数据资产交易的底层法律与商业逻辑还不完善。总之，我国正值数据资产市场建设期，数据资产交易并不活跃，市场可比交易案例较难寻找，加上企业数据资产之间存在较大差异，数据资产评估需谨慎选择市场法。

4.3　成本法

成本法是指按照重建或者重置被评估对象的思路，将重建或者重置成本作为确定评估对象价值的基础，扣除相关贬值，以此确定评估对象价值的评估方法的总称。运用成本法需要满足三个前提条件：第一，评估对象能正常使用或者在用；第二，评估对象能够通过重置途径获得；第三，评估对象的重置成本以及相关贬值能够合理估算。成本法的基本计算公式为：

被评估资产价值 = 重置成本 − 实体性贬值 − 功能性贬值 − 经济性贬值
或者　　　　　 = 重置成本 ×（1 − 贬值率）　　　　　　式（4.6）

使用成本法执行数据资产评估业务时，要根据数据资产形成的全部投入，分析数据资产价值与成本的相关程度，考虑成本法的适用性。数据资产的重置成本包括合理的成本、利润和相关税费，合理的成本包括直接成本和间接费用。数据资产的取得成本需要根据创建数据资产生命的流程特点，分阶段进行统计。目前，普遍使用的流程分为四个步骤，即数据采集、数据导入和预处理、数据统计和分析、数据挖掘。其中，数据采集属于数据资产获取阶段，后三个步骤属于数据资产研发阶段。数据获取分为主动获取和被动获取。主动获取可能发生的成本包括向数据持有人购买数据的价款、注册费、手续费，通过其他渠道获取数据时发生的市场调查、访谈、实验观察等费用，以及在数据采集阶段发生的人工工资、场地租金、打印费、网络费等相关费用。被动获取的数据包括企业生产经营中获得的数据、相关部门开放并经确认的数据、企业相互合作共享的数据等。从企业角度看，被动获取的数据要形成数据资产，还需要企业进行大量资源数据的清洗、研发和深挖掘。因此，企业在数据获取阶段付出的成本较小，可以只考虑发生的数据存储等费用；企业在数据资产研发阶段付出的成本较大，通常包括设备折旧、研发人员工资等费用。数据资产评估时的贬值主要包括功能性贬值和经济性贬值。

根据《资产评估专家指引第 9 号——数据资产评估》，综合考虑形成数据资产所需的成本与数据资产特征产生的预期使用溢价，引入数据资产成本投资回报率和数据效用，改进传统成本法。采用成本法评估数据资产价值的具体计算公式为：

$$V = TC \times (1 + R) \times U \qquad \text{式 (4.7)}$$

式中，V 为数据资产评估值；TC 为数据资产总成本；R 为数据资产成本投资回报率；U 为数据效用。

数据资产总成本 TC 是数据资产从产生到评估基准日所发生的总成本。数据资产总成本可以通过系统开发委托合同和实际支出进行计算，主要包括建设成本、运维成本和管理成本，并且不同的数据资产所包含的建设成本和运维成本的比例是不同的。因此，每一个评估项对数据资产价值产生多大的影响，必须给出一个比较合理的权重。其中，建设成本是指数据规划、采集获取、数据确认、数据描述等方面的成本，运维成本是数据存储、数据整合、知识发现等方面的成本，管理成本主要是人力成本、间接成本以及服务外包成本。

数据效用 U 是影响数据价值实现因素的集合，用于修正数据资产成本投资回报率 R。其中，数据质量、数据流通、数据基数以及数据价值实现风险均会对数据效用 U 产生影响。数据效用的计算公式为：

$$U = \alpha\beta \times (1 + l) \times (1 - r) \qquad \text{式 (4.8)}$$

式中，α 为数据质量系数；β 为数据流通系数；l 为数据垄断系数；r 为数据价值实现风险系数。

数据质量是数据固有的质量，可以通过对数据完整性、数据准确性和数据有效性设立约束规则，利用统计分析数据是否满足约束规则进行量化。数据质量系数是满足要求的数据在数据系统中所占的百分比。数据质量系数可以根据数据模块、规则模块和评价模块获取的结果进行加权汇总最终获得。其中，数据模块是数据资产价值评估的对象，即被评估数据资产的合集。规则模块是生成数据的检验标准，即数据的约束规则。约束规则应当根据具体的业务内容和数据自身规则提炼出基本约束并归纳形成规则库，在对数据质量进行评价时，约束规则是对数据进行检测的依据。评价模块是数据质量评估办法的关键模块，是利用规则模块中的约束规则对数据进行检验并分析汇总。

数据流通系数是可流通数据量占总数据量的比重，但考虑到不同的数据流通类型对数据接受者范围的影响，需要将数据传播系数考虑进来。传播系数是数据的传播广度，即数据在网络中被他人接受的总人次，可以通过查看系统访问量、网站访问量获得。数据流通系数的计算公式为：

$$数据流通系数=（传播系数×可流通的数据量）/总数据量$$

式（4.9）

数据资产按流通类型可以分为开放数据、公开数据、共享数据和非共享数据四类。因此，数据流通系数的具体计算公式为：

$$数据流通系数=（a×开放数据量+b×公开数据量+c×共享数据量）/总数据量$$

式（4.10）

式中，a、b、c 分别为开放、公开和共享三种数据流通类型的传播系数，非共享数据流通限制过强，对整体流通效率影响忽略不计。

数据垄断系数是该数据资产所拥有的数据量占该类型数据总量的比例。数据垄断系数由数据基数决定，可以通过某类别数据在整个行业领域的数据占比衡量，即通过比较同类数据总量来确定。数据垄断系数的具体计算公式为：

$$数据垄断系数=系统数据量/行业总数据量 \qquad 式（4.11）$$

数据价值实现的风险存在于数据价值链上的各个环节，具体包括数据管理风险、数据流通风险、增值开发风险和数据安全风险。由于数据资产价值实现环节较多且评估过程复杂，评估实务中可以采用专家打分法与层次分析法获得数据价值，实现风险系数。

成本法是资产评估的基本方法，也是数据资产评估的基本方法。成本法评估数据资产操作简单，结果易于理解。但是，成本法评估数据资产也存在局限性。数据资产的成本具有不完整性、弱对应性、虚拟性等特点，使数据资产的重置成本核算困难。数据资产的取得成本需要分阶段进行统计，导致数据资产成本核算烦琐。此外，无论是主动获取还是被动获取，数据资产的成本构成都比较复杂。尤其是被动获取的数据如果要形成数据资产，还存在长期的人力成本和研发成本等隐性成本，而这些成本没有明确与数据资产相对应，在现行的会计准则下，很难将用于数据资产的各项成本剥离出来。因此，成本法对数据资产进行评估的适用性不强，仅适用于处于开发阶段的数据资产。

总之，执行数据资产评估业务，应当根据评估目的、评估对象、价值类型、资料收集等情况，分析上述三种基本方法的适用性，不可机械地按某种模式或者某种顺序进行选择。资产评估专业人员执行数据资产评估业务时，无论选择哪种方法进行评估，都应当保证评估目的与评估所依据的各种假设、前提条件，以及所使用的各种参数，在性质和逻辑上是一致的。尤其是在运用多种方法评估同一数据资产时，更要保证每种评估方法运用中所依据的各种假设、前提条件、数据参数的可比性，以便运用不同评估方法所得到的评估结果具有可比性和可验证性。

4.4　实物期权法

实物期权的概念是由金融期权概念衍生而来的，是在市场不确定的情况下，给予权利人在特定时间内买入或卖出实物资产的选择性。根据《实物期权评估指导意见》，实物期权是指附着于企业整体资产或者单项资产上的非人为设计的选择权，即指现实中存在的发展或者增长机会、收缩或者退出机会等。相应企业或者资产的实际控制人在未来可以执行这种选择权，并且预期通过执行这种选择权能带来经济利益。不同于金融期权的标的资产为股票等金融资产，实物期权的标的资产可以是不动产、设备、投资项目，也可以是专利、数据资产等无形资产。实物期权法通常用来评估那些面临的市场环境经常发生变化，风险和收益不稳定资产的价值。

执行涉及实物期权评估的业务，应当按照识别期权、判断条件、估计参数、估算价值四个步骤进行。实物期权评估中的参数通常包括标的资产的评估基准日价值、波动率、行权价格、行权期限和无风险收益率等。标的资产即实物期权所对应的基础资产。增长期权是买方期权，其标的资产是当前资产带来的潜在业务或者项目；退出期权是卖方期权，其标的资产是实物期权所依附的当前资产。波动率是预期标的资产收益率的标准差。行权价格是实物期权行权时，买进或者卖出标的资产支付或者获得的金额。增长期权的行权价格是形成标的资产所需要的投资金额。退出期权的行权价格是标的资产在未来行权时间可以卖出的价格，或者在可以转换用途情况下，标的资产在行权时间的价值。行权期限是评估基准日至实物期权行权时间之间的时间长度。无风险收益率是不存在违约风险的收益率,可以参照剩余期限与实物期权行权期限相同或者相近的国债到期收益率确定。

执行涉及实物期权评估的业务,应当根据实物期权的类型,选择适当的期权定价模型,常用的期权定价模型包括 B-S 模型、二项树模型、蒙特卡洛模拟模型等。二项树模型是离散型模型,具有直观和灵活的优势,但应用时较为烦琐,计算量也较大。B-S 模型和蒙特卡洛模拟模型是连续型模型。其中,B-S 模型计算简单直接,但应用条件较为严格。蒙特卡洛模拟模型适用性强,但应用时要求较高,易被误用。离散型二项树模型认为标的资产未来收益的不确定性像分叉的树枝一样,在每个发展节点都只会有两种情况,即价格上升或下降。二项树模型中,当标的资产后续价格变化可能性无限增加时,二项树结构将无限伸展,每次的价格变化时间将无限减少。如果与此同时价格的调整幅度也相应减少,在这种极限的条件下,二项树模型就演变成了 B-S 模型,说明这两种模型是相通的。

B-S 模型是布莱克和舒尔斯在 1973 年为期权定价领域做出的杰出贡献,随后被拓展到企业价值和投资项目价值评估等领域。应用 B-S 模型时,一般需要满足以下前提假设:①标的资产价格服从对数正态分布;②无风险利率选取同期国债收益率且在期权有效期内保持不变;③市场不存在摩擦,且在标的资产交易时不存在其他成本和税收;④不存在无风险套利机会;⑤被评估企业符合持续经营假设。针对无红利情况,B-S 模型的具体计算公式为:

$$买方期权价值\ V = S \cdot N(d_1) - X \cdot e^{-rt} N(d_2) \qquad 式\ (4.12)$$
$$卖方期权价值\ V = X \cdot e^{-rt} N(-d_2) - S \cdot N(-d_1)$$

式中,V 为标的资产期权价值;S 为标的资产现有价值;e 为自然对数的底数;X 为期权的执行价格;r 为无风险利率;t 为行权期限;$N(d)$ 为标准正态分布中变量小于 d 的概率。其中,d_1 和 d_2 的取值为:

$$d_1 = \frac{\ln\left(\dfrac{S}{X}\right) + (r + \dfrac{\sigma^2}{2})t}{\sigma\sqrt{t}}, \quad d_2 = d_1 - \sigma\sqrt{t} \qquad 式\ (4.13)$$

式中,σ 为波动率;其他参数含义同式 (4.12)。

数据资产不仅拥有现实价值,还拥有潜在价值,将企业拥有的数据资产的潜在价值看作看涨期权进行评估,可以对数据资产价值的完整性进行补充。

实物期权法运用于评估数据资产的潜在价值部分，相较于传统的评估方法，具有一定的优势。首先，实物期权法更具灵活性，考虑了决策制定的动态性。其次，实物期权法考虑了数据资产的不确定性，认为期权的价值与不确定性正相关。最后，实物期权法考虑了数据资产投资的潜在收益，能更好地把握住投资机会。但是，实物期权法也有一定适用范围。实物期权法适用于未来发展具有不确定性的初创型企业、高新技术企业等尚在成长过程中的企业数据资产价值的评估。此时，企业处于数据资产的投入阶段，存在未来可能会加大或放弃数据资产投入的情况，从而形成选择权价值。目前，实物期权法在数据资产评估中的应用还比较少，可以作为未来的探索方向。

4.5　辅助评估方法

在数据资产评估时，除了采用以上介绍的基本评估方法，经常会用到层次分析法、熵权法，以及模糊综合评价法，辅助确定数据资产评估值。

4.5.1　层次分析法

层次分析法（Analytic Hierarchy Process，AHP）是美国匹茨堡大学的运筹学家萨迪（T. L. Satty）教授在 20 世纪 70 年代初提出来的。层次分析法是一种定性分析与定量分析相结合的方法，常用于多目标、多指标的决策。层次分析法是继机理分析、统计分析之后发展起来的重要系统分析工具，它把研究对象看作一个系统，并通过分解、比较、判断、综合的思维模式进行决策。该方法用于解决在决策过程中有许多评价指标很难回避决策者的主观判断和选择，但又很难被定量地表达出来的难题。具体来讲，层次分析法通过构建层次结构、构造判断矩阵，计算特征向量及最大特征根来确定各指标权重。层次分析法包括如下五个基本步骤。

1. 构建层次结构

通过对研究对象的深入调查了解，明确要研究问题的核心内涵及外延，分层次提出具体的评价指标，构建涵盖各指标的阶梯式层次结构。具体来讲，可以将决策目的作为目标层，决策中所需考虑的相关因素作为准则层，决策时的不同备选方案作为方案层。在构建层次结构时需注意，同一级别的因素既属于上一级因素又能够对下一级进行支配，同一级别因素间没有相互支配关系。

2. 构造判断矩阵

确定判断矩阵，可以采用专家打分方法。组织相关专家对同一层次的不同指标对于上一层次指标的重要性为判断依据进行两两对比，确定出每一层次中各个指标的相对重要性。具体可以采用 $1\sim9$ 标度法进行赋值，如表 4-1 所示。

表 4-1　1~9 标度取值表

标度	含义
1	两元素具有同等重要性
3	一个元素比另一个元素稍微重要
5	一个元素比另一个元素明显重要
7	一个元素比另一个元素强烈重要
9	一个元素比另一个元素极端重要
2，4，6，8	上述相邻判断的中间值
倒数	元素 i 与 j 的重要性比较判断得 a_{ij}，则对元素 j 和 i 的重要性比较得 $a_{ji}=1/a_{ij}$

进而，评价元素 u_i 与元素 u_j 相对上一层元素的重要性时，使用 u_{ij} 相对权重来表示。假设有 n 个元素参与，根据元素比较情况，构造判断矩阵 E：

$$E=\begin{bmatrix} u_{11} & u_{12} & \cdots & u_{1n} \\ u_{21} & u_{22} & \cdots & u_{2n} \\ \vdots & \vdots & & \vdots \\ u_{n1} & u_{n2} & \cdots & u_{nn} \end{bmatrix}$$

3. 层次单排序和一致性检验

同一阶因子相对上一层级因子中的某一因子进行相对重要程度的排序，称作层次单排序。为了提高准确性，需要对层次单排序进行一致性检验，确认该判断矩阵中是否存在超出允许范围的不一致。在层次分析法中，判断矩阵的最大特征根是 $\lambda_{\max}$，而其所对应的特征向量就是该指标相较于更高一级指标的重要程度。如果判断矩阵的阶数为 n，那么检验该矩阵是否具有一致性的指标是 CI，计算公式为：

$$CI = \frac{\lambda_{\max} - n}{n - 1} \qquad \text{式（4.14）}$$

式中，CI 为一致性指标；$\lambda_{\max}$ 为判断矩阵最大特征根；n 为矩阵阶数。

其中，最大特征根的计算公式为：

$$\lambda_{\max} = \sum_{i=1}^{n} \frac{(EW)_i}{nw_i} \qquad \text{式（4.15）}$$

式中，W 为判断矩阵 E 的特征向量；w_i 为 W 的元素。

判断矩阵能否通过一致性检验，需要计算一致性比率 CR。而 CR 是 CI 值与 RI 值的比值。因此，需要引入随机一致性指标 RI。RI 值如表 4-2 所示。

表 4-2　RI 值

n	1	2	3	4	5	6	7	8	9
RI	0	0	0.58	0.94	1.12	1.24	1.32	1.41	1.45

一致性比率 CR 的具体计算公式为：

$$CR = \frac{CI}{RI} \qquad \text{式（4.16）}$$

一般情况下，CR 值小于 0.1，认为该判断矩阵通过一致性检验；反之，不能通过检验，需对各个指标之间的相互重要性程度进行再赋值，直到通过一致性检验为止。

4. 层次总排序和一致性检验

计算某一层次所有要素对总体目标的相对重要程度，即层次总排序。在按层次单排序求出各个指标的重要程度后，再按从下至上的顺序进行矩阵运算，可求出各个指标与最高层指标的相关权重，进而确定各个指标的优先次序。

若构建的层次分析满足单排序和一致性检验，则该层次结构也满足层次分析的总排序和总一致性检验，层次分析体系是有效且正确的。

5. 计算合成权重

根据各层指标的权重，计算出层次分析结构中最末层的各指标相对于研究对象的合成权重值。

层次分析法是目前简单可行的确定权重的方法。层次分析法的主要优点是系统性强，每个层次间结构清晰；对定量数据信息量要求较低，更强调定性的判断；整个分析过程将复杂的问题简单化，且最终结果易于理解和掌握，是一种高效的方法。层次分析法的主要缺点是对指标设计的依赖性较大，并且如果结果不能通过检验，该方法就没有意义，不能提供一种全新的方案。此外，该方法的结果带有一定的主观性，依赖专家的主观判断。

总之，层次分析法通过合理的层次结构和权重计算，为资产评估提供了一种科学的方法，有助于评估专业人员做出更加准确的判断。层次分析法被广泛应用于数据资产评估领域，尤其是与收益法结合使用，对数据资产的分成率或贡献率进行测算。利用层次分析法可以将数据资产从组合无形资产中剥离出来，即通过构造层级结构来确定数据资产在组合无形资产价值中的贡献。

4.5.2 熵权法

熵这一概念源于信息论，是对不确定性的一种度量。信息量越大，不确定性越小，熵就越小；信息量越小，不确定性越大，熵就越大。熵权法是根据各项指标值的变异程度来确定指标权重的。熵值可以对指标的离散程度进行测量，指标离散程度越大，其携带的有效信息则越多，熵值就越小，表明该指标对综合评价的影响越大，其权重就越高。相反，熵值越大，其有效信息则越少，不确定性越大，其权重也就越低。熵权法有如下五个基本操作步骤。

1. 指标标准化处理

指标体系中的指标拥有不同的量值和量纲，需对指标进行标准化处理。为避免在计算熵值的过程中出现负值，需要对数据进行非负值处理，即在原公式基础上加 0.01。

正向指标处理公式为：

$$x'_{ij} = \frac{X_{ij} - \min(X_{1j}, X_{2j}, \cdots, X_{nj})}{\max(X_{1j}, X_{2j}, \cdots, X_{nj}) - \min(X_{1j}, X_{2j}, \cdots, X_{nj})} + 0.01$$

式 (4.17)

负向指标处理公式为:

$$x'_{ij} = \frac{\max(X_{1j}, X_{2j}, \cdots, X_{nj}) - X_{ij}}{\max(X_{1j}, X_{2j}, \cdots, X_{nj}) - \min(X_{1j}, X_{2j}, \cdots, X_{nj})} + 0.01$$

式 (4.18)

式中, $i = 1, \cdots, n$; $j = 1, \cdots, m$。

2. 计算第 j 项指标的熵值

计算公式为:

$$e_j = -k \sum_{i=1}^{n} p_{ij} \ln(p_{ij}), \ j = 1, \cdots, m \qquad \text{式 (4.19)}$$

式中, $k = 1/\ln(n) > 0$; $\ln$ 为自然对数。

其中, p_{ij} 为第 j 个评价指标在第 i 个样本中所占的比重。计算公式为:

$$p_{ij} = \frac{X_{ij}}{\sum\limits_{i=1}^{n} X_{ij}} \qquad \text{式 (4.20)}$$

式中, $i = 1, \cdots, n$; $j = 1, \cdots, m$。

3. 计算第 j 项指标的差异系数

对于第 j 项指标,指标值 X_{ij} 的差异越大,其评价的作用就越大,熵值就越小。计算公式为:

$$d_j = 1 - e_j, \ \ j = 1, \cdots, m \qquad \text{式 (4.21)}$$

4. 计算第 j 项指标的权重

计算公式为:

$$\omega_j = \frac{d_j}{\sum_{j=1}^{m} d_j}, \, j = 1, \cdots, m \qquad\qquad 式（4.22）$$

5. 计算各影响因素的熵值

计算公式为：

$$s_i = \sum_{j=1}^{m} \omega_j X_{ij}, \, i = 1, \cdots, n \qquad\qquad 式（4.23）$$

相对于主观赋权的方法，熵权法是一种客观赋权法。熵权法避免了人为因素带来的偏差，测算结果更加客观、精准。熵权法也可以应用于数据资产评估领域，但需要客观数据的支撑。具体来讲，可以在明确数据资产价值影响因素的基础上，根据企业相关财务指标，对各影响因素指标权重进行分析，为数据资产价值评估提供依据。

4.5.3 模糊综合评价法

模糊综合评价法（Fuzzy Comprehensive Evaluation，FCE）是一种基于模糊数学的综合评价方法，通过模糊逻辑将定性评价转化为定量评价，解决传统评价方法难以处理的模糊性和不确定性问题。模糊综合评价法通过模拟人的大脑评价事物的思维过程，对构成被评价事物的各个相关因素进行综合考虑，然后把各个影响因素作用的大小程度进行量化，从而运用模糊变换原理对复杂事物作出总的综合评判。模糊综合评价法通过构建因素集、评语集和权重集，利用模糊关系矩阵和模糊合成，最终得出综合评价结果。模糊综合评价法有如下五个基本步骤。

1. 确定评价目标和评价指标体系

在明确评价目标的基础上，构建一个多层次的评价指标体系。

2. 确定综合评价因素集和评价集

评价对象的因素集为 U，$U = \{u_1, u_2, \cdots, u_n\}$，评价集为 V，$V = \{v_1, v_2, \cdots, v_m\}$。

3. 确定评价指标权重

通过专家打分或数据分析，确定各评价指标对评价目标的隶属度，构建模糊关系矩阵。利用专家经验、层次分析法或其他方法确定各评价指标的权重。

4. 模糊合成

将权重与模糊关系矩阵相结合，进行模糊合成，得到综合评价结果。

（1）一级模糊综合评价

建立模糊综合评价矩阵，矩阵由各二级指标的隶属度子集合 $R = \{r_1,$ $r_2, \cdots, r_m\}$ 构成。定性指标的隶属度 $r_m = \dfrac{k}{N}$（k 为选择 m 等级的专家人数，N 为参与评价的专家总人数），定量指标选择半梯形分布函数作为隶属度函数。定量指标 r_m 计算公式为：

$$r_m = \begin{cases} 1 - r_{m-1} & v_{m-1} < v_m \\ \dfrac{v_{m+1} - x}{v_{m+1} - v_m} & v_m < v_{m+1} \\ 0 & x \leqslant v_{m-1} \text{ 或 } x \geqslant v_{m+1} \end{cases} \qquad \text{式（4.24）}$$

（2）多级模糊综合评价

按照自下而上的顺序进行模糊评价，最终得到目标层评价结果。

5. 评价结果分析与赋权

按照最大隶属度原则对评价对象的评分情况进行合理性分析，并对综合评价集 V 中的元素赋权来修正一级模糊综合评价结果，得到最终评价结果。

模糊综合评价法能够处理评价指标间的模糊性和不确定性，可以综合多个指标进行评价，适用于那些难以量化的评价。但是，该方法也有一些局限性。评价指标权重的确定和专家打分带有一定主观性，而且评价指标的选择需要专业知识，操作相对较复杂。模糊综合评价法为资产评估领域提供了一种有效的方法，尤其在面对复杂、难以量化的数据资产评估时，能够使评价结果更加合理和全面。模糊综合评价法通常与评估基本方法结合，用于计算数据资产价值修正系数。

4.6 其他辅助方法

4.6.1 灰色预测法

灰色预测是灰色系统理论的关键组成部分。邓聚龙教授于20世纪80年代初期提出灰色预测模型，旨在解决小样本和信息贫乏系统在分析、预测、决策和控制方面的问题。

灰色预测法在数据资产评估中应用广泛。由于累加生成的方法具有良好的抗噪性，有利于增强数据的规律性，改善随机性误差，因此，数据资产评估通常选用累加生成的方式，选取 GM(1,1)模型进行预测。具体计算公式为：

设非负原始序列为：

$$X^{(0)} = \{ x^{(0)}(1), x^{(0)}(2), \cdots, x^{(0)}(n) \} \qquad \text{式（4.25）}$$

对 $X^{(0)}$ 做一次累加可得：

$$X^{(1)}(k) = \sum_{i=1}^{n} x^{(0)}(i) \qquad k = 1,2,\cdots,n \qquad \text{式（4.26）}$$

$X^{(0)}(k)$ 的 GM(1,1)微分方程为：

$$\frac{\mathrm{d}x^{(1)}}{\mathrm{d}t} + ax^{(1)} = u \qquad \text{式（4.27）}$$

可以得到第 $k+1$ 个预测值为：

$$\hat{x}^{(1)}(k+1) = \left[x^{(1)}(1) - \frac{\hat{u}}{\hat{a}} \right] \mathrm{e}^{-\hat{a}k} + \frac{\hat{u}}{\hat{a}} \qquad \text{式（4.28）}$$

灰色预测法的优势是无需依赖大量的样本数据，甚至在样本数量有限的情况下，也能够提供相对精确的预测结果。灰色预测法可以严格按照原始数据序列的规则对企业的营业收入进行预测。

4.6.2 Logistic 模型

Logistic 模型是一种较为常见且应用最广的用于描述生长等现象的非线性

增长曲线模型。该曲线在开始期间增长较为缓慢，经过一段时间后，增长速度变快，当增长速度达到一定上限时，增长速度再次放慢，整体图形呈现出"S"形，如图 4-1 所示。

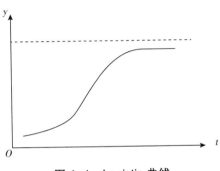

图 4-1　Logistic 曲线

该曲线模型可以用来描述事物的发生、发展、成熟、极限四阶段的生长变化过程。最先用来描述生物的繁殖、人口的发展以及产品的生命周期，后来随着研究人员对该模型研究的不断深入，应用领域越来越广泛。

数据资产的成长阶段也可以通过 Logistic 曲线进行划分。该曲线可以用关于 t 的函数方程表示，具体公式为：

$$y = f(t) = \frac{k}{1 + ae^{-bt}} \qquad 式（4.29）$$

式中，y 为数据资产的预测值；t 为时间；k 为数据成长上限；a、b 为控制参数。

对时间 t 进行一次微分，可得到生长速率函数：

$$\frac{dy}{dt} = \frac{kabe^{-bt}}{(1 + ae^{-bt})^2} \qquad 式（4.30）$$

对生长速率函数进行一次微分，并令其等于零，可得到拐点 t_2：

$$\frac{d^2y}{dt^2} = \frac{kabe^{-bt}(abe^{-bt} - b)}{(1 + ae^{-bt})^3} \qquad 式（4.31）$$

$$t_2 = \ln \frac{a}{b} \qquad\qquad 式（4.32）$$

对生长速率函数进行二次微分，并令其等于 0，可得到拐点 t_1 和拐点 t_3：

$$\frac{\mathrm{d}^3 y}{\mathrm{d}t^3} = \frac{kab^3 \mathrm{e}^{-bt}(1 - 4abe^{-bt} + a^2 \mathrm{e}^{-2bt})}{(1 + ae^{-bt})^4} \qquad\qquad 式（4.33）$$

$$t_1 = \frac{\ln a - 1.317}{b} \qquad\qquad t_3 = \frac{\ln a + 1.317}{b} \qquad\qquad 式（4.34）$$

这样，t_1、t_2 和 t_3 三个拐点将数据资产成长划分为四个阶段，即 $(0, t_1)$ 为数据资产的开发阶段，(t_1, t_2) 为数据资产的赋能阶段，(t_2, t_3) 为数据资产的活跃交易阶段，$(t_3, +\infty)$ 为数据资产的处置阶段。

第二部分

数据资产评估实务部分

第 5 章　国家电网数据资产评估

5.1　国家电网基本情况

国家电网有限公司（以下简称国家电网）成立于 2002 年 12 月 29 日，是根据《中华人民共和国公司法》设立的中央直接管理的国有独资公司，注册资本 8295 亿元，以投资建设运营电网为核心业务，是关系国家能源安全和国民经济命脉的特大型国有重点骨干企业。国家电网经营区域覆盖我国 26 个省（自治区、直辖市），供电范围占国土面积的 88%，供电人口超过 11 亿。二十多年来，国家电网专利拥有量持续排名央企第一，连续 5 年位居全球公用事业品牌 50 强榜首，是全球最大的公用事业企业，也是具有行业引领力和国际影响力的创新型企业。

国家电网作为电网企业的主力军，以构建能源互联网、保障国家能源安全和服务人民美好生活为职责，落实国家能源安全发展的"四个革命、一个合作"战略思想。国家电网构建以电为中心，以坚强智能电网和泛在电力物联网为基础平台，深度融合先进能源技术、现代信息通信技术和控制技术，实现多能互补、智能互动、泛在互联的智慧能源网络，助力低碳清洁、安全高效的能源体系建设，积极履行政治责任、经济责任和社会责任，在保障国家能源安全、服务经济社会发展和人民美好生活中起着表率作用。

5.2 评估基本要素

5.2.1 评估对象与评估范围

本案例的评估对象为国家电网所拥有或控制的全部数据资产,包含其依法拥有或控制的、由供电、用电行为等事项形成的,能为其带来预期经济收益的,以电子、纸质等多种介质记录的全部数据资产。

5.2.2 评估目的与价值类型

本案例的评估目的是评估国家电网全部数据资产在评估基准日 2021 年 12 月 31 日的在用价值,为企业生产经营决策提供价值参考。价值类型为在用价值,是将评估对象作为企业、资产组的组成部分或要素资产按其正在使用的方式和程度及其对所属企业、资产组的贡献的价值估计数额。

5.2.3 评估假设与评估方法

1. 评估假设

(1) 前提性假设

交易假设,假设评估对象处于交易过程中,评估专业人员根据评估对象的交易条件等模拟市场进行估价,评估结果是对评估对象最可能达成的交易价格的估计;持续经营假设,假设国家电网作为经营主体,在所处的外部环境下,按照经营目标持续经营下去,国家电网的经营者负责并有能力担当责任,国家电网合法经营并能够获取适当利润。

(2) 外部环境假设

国家现行的法律、法规、经济政策方针无重大变化;在预测期内,利率、汇率、税率无重大变化;国家电网所在地区的社会经济环境无重大变化;国家电网所属电力行业的发展态势稳定。

(3) 具体假设

国家电网在评估目的经济行为实现后,能按照规划的经营目的、经营方式持续经营下去,其收益可以预测;国家电网管理层勤勉尽责,具有足够的管理才能和良好的职业道德;国家电网的管理风险、经营风险、市场风险、技术风险、人才风险等处于可控范围内或可以得到有效化解；国家电网在未来经营期内的资产规模与构成、主营业务收入与成本，以及经营策略、成本控制等能按照预期的状态持续且不发生较大变化。不考虑未来可能由于管理层、经营策略以及商业环境等变化导致的资产规模以及主营业务等状况的变化所带来的损益；国家电网按评估基准日现有的管理水平继续经营，不考虑其将来的所有者管理水平优劣对未来收益的影响；国家电网在未来经营期内的财务结构、资本规模等未发生重大变化；国家电网制定的目标和措施能按预定的时间和进度如期实现，并取得预期效益；国家电网的现金流在每个预测期间的期末产生；无其他不可预测和不可抗力因素对国家电网经营造成重大影响。

2. 评估方法

考虑到单一方法可能存在局限性，本案例选择组合赋权法和分成定价法两种方法评估国家电网数据资产的价值。

组合赋权法将主观赋权法与客观赋权法组合在一起，运用加权平均等方法将主客观权重相结合形成综合权重，既减少主观误差，又兼顾专家决策判断，能够得到更为准确的评估结果。分成定价法是运用传统方法将企业整体价值计算出来，然后测算数据资产占企业整体价值的比例，并将二者相乘得到数据资产价值。

5.3　数据资产价值影响因素

根据专家学者现有的研究成果以及国家电网数据资产的特点，总结出影响数据资产价值的因素主要包括数据数量、数据管理、数据质量、数据应用和数据风险五个维度。

5.3.1　数据数量

我国数据资产发展刚刚起步，从数据中台的建设，到数据资产化、数据资产管理、数据资产评估等方面的建设都需要不断地积累经验。随着数据数量的增加，对数据进行分析时产生的偶然误差会缩小，企业经营者据此作出的生产经营决策也会更加科学、合理。因此，数据数量是数据资产实现价值增值的基本前提，是影响数据资产价值最基本的因素。《资产评估专家指引第

9 号——数据资产评估》中提及数据的有效性，有效数据量占总数据量的比重越大，数据资产的价值越高；在占比一定的情况下，数据数量越多，数据资产的价值越高。本案例具体从数据规模和数据种类两个维度评价数据数量。在其他条件不变的前提下，数据规模越大，数据资产价值越大。当然，不排除存在数据规模不大但数据种类多，也能够发挥较大价值的情况。因此，将数据种类也作为衡量数据数量价值的标准。

5.3.2 数据管理

不同类型的数据资产具有不同的处理方式及使用方式，应该加强对数据资产的管理，数据管理是影响数据资产价值的重要因素。本案例具体从数据管理的全面性、及时性、有效性三个维度进行评价。数据资产具有表现形式的多样性，如数字、表格、图像、音频、视频等，以及处理技术融合上的多样性，如数据库技术与数据、数字媒体与数字制作特技等融合，将数据管理的全面性作为具体评价指标。数据资产具有价值易变性，随着时间的推移，同一数据资产的价值可能会增加也可能会有损耗产生，导致其价值降低甚至失效。在数据资产价值发生重大改变之前，应该及时进行管理干预，将数据管理的及时性作为具体评价指标。此外，数据管理的有效性也影响着数据资产的价值。数据管理越有效，管理效率越高，无效管理成本越少，在其他条件不变的前提下，数据资产价值更高。

5.3.3 数据质量

数据质量决定数据能否在生产经营决策过程中发挥应用价值，数据质量是影响数据资产价值的重要因素。数据质量从效率和成本两个方面影响数据资产的价值。较差的数据质量会增加数据资产在识别、挖掘、清洗等流程的工作量和难度，进而增加成本，降低数据资产价值。本案例具体从真实性、准确性、完整性、活跃性、数据成本和安全性六个维度评价数据质量。数据的真实、准确、完整和活跃应是数据质量最起码的要求，而虚假的、模棱两可的、有缺失的、不活跃的数据应该被剔除。数据成本由初始成本和后续成本组成。虽然数据资产具有成本弱对应性特征，但对于不同主体间流通的数据资产来说，数据资产的成本越高，对收益预期的影响就会增加，成本与价值具有一定的关联性。数据安全为数据资产使用及数据资产交易保驾护航，数据安全对数据资产价值有正向促进作用。

5.3.4　数据应用

同一数据资产在不同的应用场景下发挥着不同的价值，数据应用是影响数据资产价值的重要因素。本案例具体从稀缺性、时效性、多维性、场景经济特性、交易双方价值认可程度、购买方偏好六个维度对数据资产应用进行评价。数据生产要素已经从投入阶段发展到产出和分配阶段，掌握更多的稀缺性资产意味着拥有更多的主权。市场环境是在不断变化的，数据的时效越长，通过分析数据作出决策判断的有效性就越有保障。数据的维度越多，应用范围越广，各维度价值加总得到的总价值越高。同一数据在不同的应用场景下，发挥作用的数据量越多，价值增值实现程度越强。交易双方对数据资产的价值认可程度越高，交易越容易达成，交易价格达到卖方心理预期的可能性越大。不同的数据购买者有各自的数据购买偏好，找到合适偏好的购买者，能在一定程度上提高数据的应用价值。

5.3.5　数据风险

数据资产面临的风险不同，其价值也不同，数据风险也是影响数据资产价值的重要因素。本案例具体从道德约束力、法律限制程度、技术保障程度三个维度评价数据风险。道德为软约束，法律为硬约束，加之技术保障的辅助，能更好地规避数据风险。数据相关方的自我道德约束力越强，数据风险越小。法律对数据交易的限制越多，留给数据交易的空间越小，数据使用相关方的数据安全压力越大，相关费用支出越多，数据安全成本越高，数据风险越小。技术保障程度从数据端为数据安全保驾护航，技术保障程度越高，数据风险越小。

5.4　评估模型构建

5.4.1　基本思路

本案例分别应用组合赋权法和分成定价法评估国家电网数据资产价值，然后选择其中一种方法的评估结果作为最终数据资产价值评估结果。

基于组合赋权法的国家电网数据资产价值评估的基本思路是，基于影响数据资产价值的因素构建数据资产价值评估指标体系，通过层次分析法和熵权法分别得到数据资产的主客观权重，通过枚举方式确定不同权重分配系数进而确定组合权重，然后将各一级指标的组合权重与国家电网 2021 年财务报表中对应的指标相乘，再乘以模糊综合评价法确定的修正系数，得到国家电网数据资产价值。

基于分成定价法的国家电网数据资产价值评估的基本思路是，运用公司自由现金流（Free Cash Flow for the Firm，FCFF）模型预测国家电网的企业自由现金流进而确定其企业整体价值，然后采用价值分成的思路，结合专家意见，确定数据资产价值的分成率，最终通过将该分成率乘以企业整体价值来评估数据资产价值。

5.4.2 组合赋权法具体模型

结合影响数据资产价值的因素以及各影响因素的权重，运用模糊综合评价法得到数据资产价值修正系数，构建国家电网数据资产价值评估模型。具体计算公式为：

$$P_{d1} = (V_{U1} \times W_{U1} + V_{U2} \times W_{U2} + V_{U3} \times W_{U3} + V_{U4} \times W_{U4} + V_{U5} \times W_{U5}) \times K$$

式（5.1）

式中，V_{U1}，V_{U2}，V_{U3}，V_{U4} 和 V_{U5} 分别为影响国家电网数据资产价值的 5 个一级指标所对应指标的价值；W_{U1}，W_{U2}，W_{U3}，W_{U4} 和 W_{U5} 分别为运用组合赋权法得到的各影响因素的权重；K 为修正系数。

5.4.3 分成定价法具体模型

确定国家电网的企业整体价值后，乘以数据资产价值的分成率，再乘以通过咨询专家得到的修正系数，构建国家电网数据资产价值评估模型。具体计算公式为：

$$P_{d2} = EV \times W_d \times \sigma \qquad 式（5.2）$$

式中，EV 为国家电网企业整体价值；W_d 为数据资产价值分成率；σ 为数据资产价值修正系数。

其中，国家电网企业整体价值，选用两阶段模型进行评估。具体计算公式为：

$$EV = \sum_{t=1}^{n} \frac{FCFF_t}{(1 + WACC)^t} + \frac{FCFF_n(1 + g)}{(WACC - g) \times (1 + WACC)^n} \quad 式（5.3）$$

式中，EV 为企业整体价值；$FCFF_t$ 为第 t 期企业自由现金流；g 为企业永续期增长率；$WACC$ 为加权平均资本成本；n 为达到永续增长前的预测期。

5.4.4　组合赋权法参数确定

1. 层次分析法确定主观权重

通过影响国家电网数据资产价值因素的分析，构建数据资产价值评估的层次结构，具体包括指标层、准则层和方案层。具体层次结构，如表 5-1 所示。层次分析法具体操作步骤如 4.5.1 节所述，此处不再赘述。

表 5-1　国家电网数据资产价值层次结构

	准则层	方案层	指标类型
国家电网数据资产价值	数据数量 U_1	数据种类 U_{11}	正向指标
		数据规模 U_{12}	正向指标
	数据管理 U_2	全面性 U_{21}	正向指标
		及时性 U_{22}	正向指标
		有效性 U_{23}	正向指标
	数据质量 U_3	真实性 U_{31}	正向指标
		准确性 U_{32}	正向指标
		完整性 U_{33}	正向指标
		活跃性 U_{34}	正向指标
		数据成本 U_{35}	正向指标
		安全性 U_{36}	正向指标
	数据应用 U_4	稀缺性 U_{41}	正向指标
		时效性 U_{42}	正向指标
		多维性 U_{43}	正向指标
		场景经济特性 U_{44}	正向指标
		交易双方价值认可程度 U_{45}	正向指标
		购买方偏好 U_{46}	正向指标
	数据风险 U_5	道德约束力 U_{51}	正向指标
		法律限制程度 U_{52}	负向指标
		技术保障程度 U_{53}	正向指标

2. 熵权法确定客观权重

本案例以国家电网 2017—2021 年财务报表中有关数据数量、数据管理、数据质量、数据应用及数据风险的财务指标为基础，对各影响因素指标权重进行分析。

（1）数据数量价值

数据数量价值的估算，主要从数据来源的角度衡量国家电网数据规模和数据种类两方面的价值。数据来源的广度在一定程度上影响数据规模的大小及数据种类的多少。本案例认为数据资产隶属无形资产，以国家电网剔除土地使用权及商标权后的无形资产剩余价值作为数据数量价值的基础。

（2）数据管理价值

数据管理价值的估算，主要考虑企业管理数据资产所花费的费用。良好的数据管理既需要一套完备、科学的数据管理体系，又需要专业人员的配合。本案例将国家电网财务报表中的管理费用作为数据管理价值的基础。

（3）数据质量价值

数据质量因素是决定数据资产价值高低的关键。在经过数据挖掘、清洗、分析等流程最终形成数据资产的过程中，每一步的操作质量，都或多或少地影响着数据质量。虽然无法精确估算每个环节的操作质量，但针对数据资产的研发费用可以计量。本案例将国家电网财务报表中的研发费用作为数据质量价值的基础。

（4）数据应用价值

同一数据资产在不同应用场景下的价值可能不同，不同数据资产在同一应用场景下的价值可能相同。数据购买方对数据的认可程度越高，数据应用价值越高。此外，找到合适偏好的数据购买者，在一定程度上也能增加数据应用价值。企业可以通过对销售人员进行培训，提升数据营销水平，为提高数据应用价值保驾护航。本案例将国家电网财务报表中的销售费用作为数据应用价值的基础。

（5）数据风险价值

数据风险影响因素细分为道德约束力、法律限制程度和技术保障程度。道德方面的风险很难量化，企业财务报表中也没有可选指标与之对应。因此，本案例着重就法律限制和技术保障进行分析。法律限制程度选用国家电网财务报表中的未决诉讼年末余额作为衡量标准。技术保障程度选用国家电网财务报表中产品质量保证的年末余额作为数据风险价值的基础。

针对数据资产价值影响因素的二级指标，采用专家打分的方式对国家电网现有数据资产具体情况进行分析，并以此为基础对各二级指标客观权重进行计算。熵权法具体操作步骤如 4.5.2 节所述，此处不再赘述。

3. 确定组合权重

层次分析法在根据决策者意图确定权重方面更有优势，但主观性相对较强。熵权法确定权重较为客观，但参与决策者对不同指标重视程度无法充分反映，且有时会发生权重与实际指标重要程度背离的情况。针对主客观赋权方法的优缺点，将主客观赋权方法组合起来，实现主客观内在统一，使评估结果更科学、有效。组合赋权法的关键在于确定主客观赋权方法确定的权重在综合权重中各自所占比重。

（1）确定组合权重的线性组合 W

将主观权重和客观权重分别赋予不同的权重后相加得到组合权重。具体计算公式为：

$$W = \alpha W_1 + \beta W_2 \qquad 式（5.4）$$

式中，W_1 为根据层次分析法得到的权重；W_2 为根据熵权法得到的权重；α 和 β 分别为权重分配系数。

（2）确定最优权重分配系数

本案例引用朱贵玉等（2022）寻找最佳综合权重向量的办法，使 W 与 W_1、W_2 两组权重向量的标准差最小。具体计算公式为：

$$x_i = \alpha_i w_i + \beta_i w_i \qquad 式（5.5）$$

$$\delta = \sqrt{\frac{\sum_{i=1}^{j} \left(x_i - \sum_{i=1}^{j} \frac{x_i}{j} \right)}{j}} \qquad 式（5.6）$$

式中，$j = \max(i)$；$0 \leqslant \alpha \leqslant 1$；$0 \leqslant \beta \leqslant 1$；$\alpha + \beta = 1$。

（3）计算组合权重

通过 Origin 软件进行枚举计算，确定取得最小标准差时主观权重占比 α，则 $\beta = 1 - \alpha$。将 α 和 β 值代入组合权重线性组合公式中，得到各级指标的组合权重。

4. 模糊综合评价法修正组合权重

将影响数据资产价值的因素放到因素集 $U = \{u_1, u_2, u_3, \cdots, u_n\}$ 中,并建立综合评价集 $V = \{v_1, v_2, v_3, \cdots, v_m\}$。其中,$m$ 为评价等级数,经专家讨论后取 $m = 5$。模糊综合评价法具体操作步骤如 4.5.3 节所述,此处不再赘述。首先,按照方案层指标、准则层指标、目标层的顺序,自下而上进行模糊评价,最终得到目标层的评价结果。其次,按照最大隶属度原则对得到的国家电网数据资产价值评分情况进行合理性分析,对综合评价集 V 中的元素赋权来修正一级模糊综合评价结果,得到数据资产价值修正系数 K,便于后续国家电网数据资产价值的计算。

5.4.5 分成定价法参数确定

1. 企业自由现金流预测

企业自由现金流不受会计政策的影响,受到人为操纵的可能性较小。企业自由现金流的具体计算公式为:

$$企业自由现金流 = EBIT \times (1-所得税税率) + 折旧与摊销 - 营运资金增加 - 资本性支出 \qquad 式(5.7)$$

（1）EBIT

$$EBIT = 营业收入 - 营业成本 - 税金及附加 - 销售费用 - 管理费用 - 研发费用 \qquad 式(5.8)$$

EBIT 的预测起点是预测营业收入,营业收入的预测是 EBIT 预测准确的关键。营业收入的预测一般采用间接法,选取历史营业收入计算平均增长率作为未来营业收入的增长率。本案例选取国家电网 2017—2021 年财务报表数据为预测基础,其中 2020 年受疫情影响较大,考虑选用其他 4 年的平均值进行替代。将计算修正后的历史营业收入的平均增长率作为预测 2023—2026 年营业收入增长率的依据。其他指标均采用销售百分比法,以营业收入预测值乘以 2017—2021 年其占营业收入比例的平均值进行预测。

（2）所得税税率

所得税税率选取正常纳税企业的所得税税率 25%,作为国家电网企业所得税税率。

（3）折旧与摊销

折旧与摊销选取 2017—2021 年固定资产折旧的本期发生额和无形资产累计摊销的本期发生额为计算基础。将 2017—2021 年折旧与摊销占营业收入比例的平均值乘以营业收入预测值进行预测。

（4）营运资金增加

$$营运资金 = 经营性流动资产 - 经营性流动负债 \qquad 式（5.9）$$

$$营运资金增加 = 期末营运资金 - 期初营运资金 \qquad 式（5.10）$$

营运资金的变化与企业的营业收入变化存在勾稽关系，采用营业收入预期增长率来预测未来营运资金的增加。

（5）资本性支出

资本性支出与公司购买固定资产和无形资产等各项资产的支出相关。具体选择用现金流量表中的购买固定资产、无形资产和其他长期资产所支付的现金减去处置固定资产、无形资产和其他长期资产所收回的现金净额作为资本性支出。资本性支出的预测，也采用销售百分比法来确定。

2. 折现率及永续增长率

折现率是将预期收益折算成现值的比率。评估结果对折现率的大小较为敏感，折现率的微小变动可能会对评估结果产生较大的影响。因此，折现率的确定至关重要。

折现率通常选用加权平均资本成本进行确定。具体计算公式为：

$$WACC = R_d \times (1 - T) \times \frac{D}{D + E} + R_e \times \frac{E}{D + E} \qquad 式（5.11）$$

式中，R_e 为权益资本成本；R_d 为债务资本成本；T 为所得税税率；D 为债务价值；E 为股权价值。

在确定债务资本成本时，以中国人民银行发布的贷款基准利率为参考，所得税税率沿用 EBIT 计算中的税率。权益资本成本计算通常选择资本资产定价模型。具体计算公式为：

$$R_e = R_f + \beta \times (R_m - R_f) \qquad \text{式 (5.12)}$$

式中，R_f 为无风险利率；R_m 为市场收益率；β 为风险系数。

本案例选择国债利率作为无风险利率；以电力行业正常上市公司中可比公司近 5 年的 β 值为基础，运用所有者权益比率进行修正，将近 5 年修正后的 β 值的平均值作为国家电网的 β 值；选取 2011—2021 年沪深 300 的市场收益率的平均值作为 R_m 值。

在采用两阶段模型确定国家电网企业整体价值时，永续增长率的确定也很重要。国家电网的数据资产运用及管理越来越好，在经历 5 年预测期的高速发展后，假设其进入稳定增长状态。根据竞争均衡理论，国家电网永续增长率与 GDP 增长率近乎相同。

3. 数据资产价值分成率

本案例选用组合赋权法计算得到的数据资产价值占企业流动资产、固定资产及无形资产价值之和的比例作为数据资产价值在企业整体价值中的占比。具体计算公式为：

$$W_d = \frac{P_{d1}}{P_c + P_f + P_i} \qquad \text{式 (5.13)}$$

式中，W_d 为数据资产价值分成率；P_{d1} 为组合赋权法计算得到的数据资产价值；P_c 为评估时点流动资产价值；P_f 为评估时点固定资产价值；P_i 为评估时点无形资产价值。

5.5 评估过程

5.5.1 组合赋权法评估过程

1. 层次分析法确定主观权重

邀请 10 位资产评估领域专家、5 位电力领域专家和 5 位计算机领域专家就国家电网数据资产的数据数量、数据管理、数据质量、数据应用和数据风险五个维度进行打分。根据 20 位专家打分的平均值构建判断矩阵，如表 5-2 所示。

表 5-2　国家电网数据资产价值准则层判断矩阵

	数据数量	数据管理	数据质量	数据应用	数据风险
数据数量	1	1/5	1/3	1/3	2
数据管理	5	1	2	1/4	5
数据质量	3	1/2	1	1/5	3
数据应用	3	4	5	1	5
数据风险	1/2	1/5	1/3	1/5	1

根据表 5-2，可得准则层判断矩阵 E 为：

$$E = \begin{bmatrix} 1 & 1/5 & 1/3 & 1/3 & 2 \\ 5 & 1 & 2 & 1/4 & 5 \\ 3 & 1/2 & 1 & 1/5 & 3 \\ 3 & 4 & 5 & 1 & 5 \\ 1/2 & 1/5 & 1/3 & 1/5 & 1 \end{bmatrix}$$

运用 YAAHP 层次分析法软件计算出准则层判断矩阵的最大特征值，$\lambda_{max} = 5.4470$，并进行一致性检验。

$$CI = \frac{\lambda_{max} - n}{n - 1} = \frac{5.4470 - 5}{4} = 0.1118, \quad CR = \frac{CI}{RI} = \frac{0.1118}{1.12} = 0.0998$$

因为 $CR = 0.0998 < 0.1$，所以准则层判断矩阵通过一致性检验。

计算准则层判断矩阵 E 的特征向量 W_E 为：

$$W_E = (0.0890, 0.2477, 0.1458, 0.4624, 0.0551)^T$$

运用 YAAHP 层次分析法软件计算方案层指标的权重，得到国家电网数据资产各级指标主观权重，如表 5-3 所示。

表 5-3　国家电网数据资产价值各级指标主观权重

	准则层指标	权重	方案层指标	权重
国家电网数据资产价值	数据数量 U_1	0.0890	数据种类 U_{11}	0.0445
			数据规模 U_{12}	0.0445
	数据管理 U_2	0.2477	全面性 U_{21}	0.0297
			及时性 U_{22}	0.0674
			有效性 U_{23}	0.1506

续表

	准则层指标	权重	方案层指标	权重
国家电网数据资产价值	数据质量 U_3	0.1458	真实性 U_{31}	0.0178
			准确性 U_{32}	0.0119
			完整性 U_{33}	0.0210
			活跃性 U_{34}	0.0335
			数据成本 U_{35}	0.0448
			安全性 U_{36}	0.0168
	数据应用 U_4	0.4624	稀缺性 U_{41}	0.1594
			时效性 U_{42}	0.0411
			多维性 U_{43}	0.0627
			场景经济特性 U_{44}	0.1151
			交易双方价值认可程度 U_{45}	0.0560
			购买方偏好 U_{46}	0.0281
	数据风险 U_5	0.0551	道德约束力 U_{51}	0.0057
			法律限制程度 U_{52}	0.0367
			技术保障程度 U_{53}	0.0127

各方案层判断矩阵为：

$$E_1 = \begin{bmatrix} 1 & 1 \\ 1 & 1 \end{bmatrix}, E_2 = \begin{bmatrix} 1 & 3 & 1/3 \\ 1/3 & 1 & 1/4 \\ 3 & 4 & 1 \end{bmatrix},$$

$$E_3 = \begin{bmatrix} 1 & 2 & 1/2 & 1/2 & 1/3 & 2 \\ 1/2 & 1 & 1/3 & 1/2 & 1/2 & 1/2 \\ 2 & 3 & 1 & 1/3 & 1/2 & 1/2 \\ 2 & 2 & 3 & 1 & 1/2 & 3 \\ 3 & 2 & 2 & 2 & 1 & 4 \\ 1/2 & 2 & 2 & 1/3 & 1/4 & 1 \end{bmatrix},$$

$$E_4 = \begin{bmatrix} 1 & 2 & 2 & 2 & 5 & 7 \\ 1/2 & 1 & 1 & 1/5 & 1/2 & 1 \\ 1/2 & 1/2 & 1 & 1/3 & 2 & 3 \\ 1/2 & 5 & 3 & 1 & 2 & 2 \\ 1 & 2 & 1/2 & 1/2 & 1 & 4 \\ 1/7 & 1/3 & 1/3 & 1/2 & 1/4 & 1 \end{bmatrix},$$

$$E_5 = \begin{bmatrix} 1 & 1/5 & 1/3 \\ 5 & 1 & 4 \\ 3 & 1/4 & 1 \end{bmatrix}$$

同样,对各方案层指标的判断矩阵进行一致性检验。一致性检验结果,如表 5-4 所示。

表 5-4　国家电网方案层判断矩阵一致性检验结果

	阶数	λ_{max}	CI	RI	CR	一致性检验结果
E	5	5.4470	0.1118	1.12	0.0998	一致
E_1	2	2.0000	0.0000	0.00	0.0000	一致
E_2	3	3.0741	0.0371	0.58	0.0640	一致
E_3	6	6.5974	0.1195	1.24	0.0964	一致
E_4	6	6.5941	0.1188	1.24	0.0958	一致
E_5	3	3.0869	0.0435	0.58	0.0750	一致

由一致性检验结果可知,该判断矩阵较为科学,可以运用其构建国家电网数据资产价值评估模型。最终,得到国家电网数据资产价值影响因素的主观权重集合为:

W_1 = {0.0445, 0.0445, 0.0297, 0.0674, 0.1506, 0.0178, 0.0119, 0.0210, 0.0335, 0.0448, 0.0168, 0.1594, 0.0411, 0.0627, 0.1151, 0.0560, 0.0281, 0.0057, 0.0367, 0.0127}

2. 熵权法确定客观权重

选取国家电网 2017—2021 年财务报表有关数据对数据数量、数据管理、数据质量、数据应用及数据风险五个指标的熵值进行计算。

（1）一级指标权重

根据国家电网 2017—2021 年财务报表,国家电网 2017 年研发费用缺失,2021 年销售费用缺失。因此,考虑运用其他年份平均值对缺失数据进行填充。填充后的国家电网数据资产价值影响因素评价,如表 5-5 所示。

表5-5 国家电网数据资产价值影响因素评价

年份	数据数量	数据管理	数据质量	数据应用	数据风险
2017	59941909701.70	15535047414.18	10122109828.58	10684903054.47	155539517.41
2018	56753892389.55	13411751557.24	9855024138.65	9752173112.11	162496251.71
2019	54090092312.32	50364457804.91	14093565465.51	10123489964.27	220328393.32
2020	63080193943.78	1242293708.26	16703614522.08	10186855376.95	243703269.24
2021	70171568196.58	50446452301.01	16329641630.23	10186855376.95	307561690.51

根据表5-5，对数据进行标准化处理。处理后的标准化数据，如表5-6所示。

表5-6 国家电网数据资产价值影响因素标准化数据

年份	数据数量	数据管理	数据质量	数据应用	数据风险
2017	0.3739	0.3005	0.0490	1.0100	0.0100
2018	0.1756	0.2573	0.0100	0.0100	0.0558
2019	0.0100	1.0083	0.6289	0.4081	0.4362
2020	0.5690	0.0100	1.0100	0.4760	0.5899
2021	1.0100	1.0100	0.9554	0.4760	1.0100

根据表5-6中的标准化数据，依次计算各指标的熵值、差异系数和权重。具体计算结果，如表5-7所示。

表5-7 国家电网数据资产价值影响因素客观权重

	熵值	差异系数	权重（%）
数据数量	0.752	0.248	19.35
数据管理	0.751	0.249	19.43
数据质量	0.708	0.292	22.80
数据应用	0.813	0.187	14.60
数据风险	0.695	0.305	23.82

根据表5-7中五个指标的权重，可以得到客观权重的特征向量 W_k 为：

$$W_k = (0.1935, 0.1943, 0.2280, 0.1460, 0.2382)^T$$

（2）二级指标权重

先将各二级指标的分值进行标准化，然后以标准化数据为基础，依次计算其熵值、差异系数及权重。数据数量下设二级指标的得分数据标准化处理结果，如表 5-8 所示。

表 5-8　国家电网数据数量维度二级指标标准化数据

数据种类	标准化	数据规模	标准化
80	0.57	80	0.58
83	0.73	75	0.22
77	0.40	85	0.94
83	0.73	81	0.65
70	0.01	76	0.30
71	0.07	73	0.08
73	0.18	86	1.01
77	0.40	77	0.37
76	0.34	73	0.08
88	1.01	85	0.94
84	0.79	79	0.51
80	0.57	73	0.08
76	0.34	78	0.44
78	0.45	79	0.51
79	0.51	77	0.37
85	0.84	85	0.94
83	0.73	82	0.72
82	0.68	74	0.15
87	0.95	78	0.44
70	0.01	72	0.01

经计算，数据种类和数据规模的熵值、差异系数和权重，如表 5-9 所示。

表5-9　国家电网数据数量维度二级指标权重

	熵值	差异系数	权重（%）
数据种类	0.926	0.074	45.489
数据规模	0.912	0.088	54.511

同理，数据管理下设二级指标的得分数据标准化处理结果，如表 5-10 所示。

表5-10　国家电网数据管理维度二级指标标准化数据

全面性	标准化	及时性	标准化	有效性	标准化
80	0.60	80	0.64	80	0.68
80	0.60	86	1.01	78	0.54
78	0.48	85	0.95	78	0.54
80	0.60	82	0.76	80	0.68
75	0.30	80	0.64	77	0.48
70	0.01	84	0.89	85	1.01
82	0.72	77	0.45	75	0.34
78	0.48	77	0.45	80	0.68
77	0.42	80	0.64	83	0.88
79	0.54	79	0.57	81	0.74
77	0.42	73	0.20	78	0.54
80	0.60	75	0.32	77	0.48
80	0.60	75	0.32	77	0.48
86	0.95	80	0.64	80	0.68
85	0.89	81	0.70	79	0.61
87	1.01	80	0.64	82	0.81
81	0.66	83	0.82	73	0.21
84	0.83	72	0.14	70	0.01
77	0.42	70	0.01	79	0.61
75	0.30	76	0.39	80	0.68

经计算，全面性、及时性和有效性熵值、差异系数和权重，如表 5-11 所示。

表 5-11　国家电网数据管理维度二级指标权重

	熵值	差异系数	权重（%）
全面性	0.964	0.036	30.468
及时性	0.951	0.049	41.619
有效性	0.967	0.033	27.913

同理，数据质量下设二级指标的得分数据标准化处理结果，如表 5-12 所示。

表 5-12　国家电网数据质量维度二级指标标准化数据

真实性	标准化	准确性	标准化	完整性	标准化	活跃性	标准化	数据成本	标准化	安全性	标准化
77	0.16	78	0.34	80	0.39	82	0.51	80	0.45	75	0.34
80	0.39	81	0.51	81	0.47	82	0.51	80	0.45	75	0.34
85	0.78	80	0.45	84	0.70	75	0.07	76	0.23	74	0.28
82	0.55	82	0.57	80	0.39	78	0.26	72	0.01	78	0.54
81	0.47	81	0.51	80	0.39	78	0.26	78	0.34	70	0.01
75	0.01	75	0.18	75	0.01	75	0.07	75	0.18	75	0.34
76	0.09	80	0.45	80	0.39	82	0.51	75	0.18	75	0.34
78	0.24	82	0.57	82	0.55	80	0.39	80	0.45	76	0.41
80	0.39	75	0.18	75	0.01	74	0.01	80	0.45	75	0.34
82	0.55	80	0.45	81	0.47	76	0.14	76	0.23	75	0.34
83	0.63	72	0.01	75	0.01	78	0.26	80	0.45	77	0.48
85	0.78	80	0.45	80	0.39	80	0.39	81	0.51	78	0.54
84	0.70	82	0.57	84	0.70	80	0.39	80	0.45	75	0.34
88	1.01	80	0.45	80	0.39	80	0.39	80	0.45	80	0.68
87	0.93	82	0.57	79	0.32	77	0.20	80	0.45	75	0.34
80	0.39	83	0.62	83	0.63	85	0.70	87	0.84	80	0.68
78	0.24	80	0.45	85	0.78	88	0.89	90	1.01	82	0.81
78	0.24	90	1.01	85	0.78	85	0.70	88	0.90	82	0.81
77	0.16	85	0.73	88	1.01	90	1.01	90	1.01	80	0.68
75	0.01	80	0.45	85	0.78	82	0.51	82	0.57	85	1.01

经计算，真实性、准确性、完整性、活跃性、数据成本和安全性的熵值、差异系数和权重，如表 5-13 所示。

表 5-13　国家电网数据质量维度二级指标权重

	熵值	差异系数	权重（%）
真实性	0.909	0.091	23.611
准确性	0.961	0.039	10.153
完整性	0.926	0.074	19.167
活跃性	0.921	0.079	20.627
数据成本	0.942	0.058	15.089
安全性	0.956	0.044	11.353

同理，数据应用下设二级指标的得分数据标准化处理结果，如表 5-14 所示。

表 5-14　国家电网数据应用维度二级指标标准化数据

稀缺性	标准化	时效性	标准化	多维性	标准化	场景经济特性	标准化	交易双方价值认可程度	标准化	购买方偏好	标准化
90	0.68	90	0.68	90	0.78	85	0.34	85	0.42	85	0.34
88	0.54	88	0.54	90	0.78	90	0.68	85	0.42	88	0.59
90	0.68	85	0.34	92	0.93	92	0.81	80	0.13	90	0.76
92	0.81	85	0.34	90	0.78	90	0.68	80	0.13	90	0.76
92	0.81	85	0.34	84	0.32	88	0.54	78	0.01	92	0.93
88	0.54	82	0.14	85	0.39	85	0.34	90	0.72	85	0.34
95	1.01	88	0.54	86	0.47	83	0.21	82	0.25	85	0.34
85	0.34	90	0.68	90	0.78	85	0.34	82	0.25	93	1.01
84	0.28	89	0.61	92	0.93	82	0.14	85	0.42	90	0.76
83	0.21	92	0.81	93	1.01	80	0.01	85	0.42	92	0.93
80	0.01	85	0.34	85	0.39	80	0.01	90	0.72	81	0.01
86	0.41	92	0.81	85	0.39	90	0.68	93	0.89	81	0.01

续表

稀缺性	标准化	时效性	标准化	多维性	标准化	场景经济特性	标准化	交易双方价值认可程度	标准化	购买方偏好	标准化
88	0.54	94	0.94	86	0.47	92	0.81	85	0.42	82	0.09
85	0.34	80	0.01	87	0.55	85	0.34	85	0.42	83	0.18
85	0.34	91	0.74	88	0.63	83	0.21	90	0.72	85	0.34
87	0.48	82	0.14	80	0.01	95	1.01	83	0.30	88	0.59
88	0.54	83	0.21	90	0.78	90	0.68	83	0.30	90	0.76
86	0.41	86	0.41	85	0.39	87	0.48	88	0.60	88	0.59
92	0.81	95	1.01	90	0.78	86	0.41	87	0.54	85	0.34
90	0.68	88	0.54	93	1.01	89	0.61	95	1.01	85	0.34

经计算，稀缺性、时效性、多维性、场景经济特性、交易双方价值认可程度和购买方偏好的熵值、差异系数和权重，如表 5-15 所示。

表 5-15　国家电网数据应用维度二级指标权重

	熵值	差异系数	权重（%）
稀缺性	0.958	0.042	12.066
时效性	0.942	0.058	16.614
多维性	0.962	0.038	10.787
场景经济特性	0.928	0.072	20.693
交易双方价值认可程度	0.939	0.061	17.380
购买方偏好	0.922	0.078	22.460

同理，数据风险下设二级指标的得分数据标准化处理结果，如表 5-16 所示。

表 5-16　国家电网数据风险维度二级指标标准化数据

道德约束力	标准化	法律限制程度	标准化	技术保障程度	标准化
80	0.68	80	0.34	90	0.51
85	1.01	80	0.34	85	0.01

续表

道德约束力	标准化	法律限制程度	标准化	技术保障程度	标准化
75	0.34	80	0.34	85	0.01
78	0.54	85	0.01	90	0.51
82	0.81	80	0.34	95	1.01
85	1.01	75	0.68	95	1.01
80	0.68	75	0.68	90	0.51
80	0.68	78	0.48	92	0.71
84	0.94	79	0.41	90	0.51
80	0.68	80	0.34	88	0.31
78	0.54	85	0.01	85	0.01
77	0.48	80	0.34	85	0.01
85	1.01	80	0.34	95	1.01
75	0.34	75	0.68	90	0.51
77	0.48	70	1.01	90	0.51
73	0.21	70	1.01	92	0.71
70	0.01	75	0.68	85	0.01
75	0.34	78	0.48	88	0.31
82	0.81	80	0.34	85	0.01
80	0.68	80	0.34	90	0.51

经计算,道德约束力、法律限制程度和技术保障程度的熵值、差异系数和权重,如表 5-17 所示。

表 5-17 国家电网数据风险二级指标权重

	熵值	差异系数	权重（%）
道德约束力	0.958	0.042	17.840
法律限制程度	0.948	0.052	21.874
技术保障程度	0.858	0.142	60.286

根据上述计算,确定客观权重的结果,如表 5-18 所示。

表 5-18　国家电网数据资产价值各级指标客观权重

一级指标	权重	二级指标	权重
数据数量 U_1	0.1935	数据种类 U_{11}	0.0880
		数据规模 U_{12}	0.1055
数据管理 U_2	0.1943	全面性 U_{21}	0.0592
		及时性 U_{22}	0.0809
		有效性 U_{23}	0.0542
数据质量 U_3	0.2280	真实性 U_{31}	0.0538
		准确性 U_{32}	0.0231
		完整性 U_{33}	0.0437
		活跃性 U_{34}	0.0470
		数据成本 U_{35}	0.0344
		安全性 U_{36}	0.0260
数据应用 U_4	0.1460	稀缺性 U_{41}	0.0176
		时效性 U_{42}	0.0243
		多维性 U_{43}	0.0157
		场景经济特性 U_{44}	0.0302
		交易双方价值认可程度 U_{45}	0.0254
		购买方偏好 U_{46}	0.0328
数据风险 U_5	0.2382	道德约束力 U_{51}	0.0425
		法律限制程度 U_{52}	0.0521
		技术保障程度 U_{53}	0.1436

（一级指标左侧合并单元格：国家电网数据资产价值）

最终，得到国家电网数据资产价值影响因素的客观权重集合为：

W_2 =（0.0880，0.1055，0.0592，0.0809，0.0542，0.0538，0.0231，0.0437，0.0470，0.0344，0.0260，0.0176，0.0243，0.0157，0.0302，0.0254，0.0328，0.0425，0.0521，0.1436）

3. 确定组合权重

通过计算最小标准差来确定主、客观权重分配系数，运用 Origin 软件，计算应用不同权重分配系数的组合权重向量 W 与主观权重向量 W_1 和客观权重向量 W_2 间的标准差。通过枚举发现最优权重配比，主观权重 $\alpha = 0.3773$，客观权重 $\beta = 0.6227$。因此，组合权重为：

$$W = 0.3773W_1 + 0.6227W_2$$

综上所述，国家电网数据资产价值影响因素组合权重，如表 5-19 所示。

表 5-19 国家电网数据资产价值影响因素组合权重

	一级指标	组合权重 W	二级指标	组合权重 W
国家电网数据资产价值	数据数量 U_1	0.1541	数据种类 U_{11}	0.0716
			数据规模 U_{12}	0.0825
	数据管理 U_2	0.2145	全面性 U_{21}	0.0481
			及时性 U_{22}	0.0758
			有效性 U_{23}	0.0906
	数据质量 U_3	0.1969	真实性 U_{31}	0.0402
			准确性 U_{32}	0.0189
			完整性 U_{33}	0.0351
			活跃性 U_{34}	0.0419
			数据成本 U_{35}	0.0383
			安全性 U_{36}	0.0225
	数据应用 U_4	0.2654	稀缺性 U_{41}	0.0680
			时效性 U_{42}	0.0339
			多维性 U_{43}	0.0335
			场景经济特性 U_{44}	0.0628
			交易双方价值认可程度 U_{45}	0.0372
			购买方偏好 U_{46}	0.0300
	数据风险 U_5	0.1691	道德约束力 U_{51}	0.0286
			法律限制程度 U_{52}	0.0463
			技术保障程度 U_{53}	0.0942

4. 模糊综合评价法修正组合权重

构建国家电网数据资产价值评价集 $V = \{$优秀，良好，一般，较差，过低$\}$，根据 20 位专家对 20 个二级指标的评分以及组合赋权法计算出的组合权重，得到各二级指标的模糊关系矩阵 $R_i (i=1,2,3,4,5)$。

数据数量：$R_1 = \begin{bmatrix} 0 & 0.30 & 0.50 & 0.20 & 0 \\ 0.15 & 0.25 & 0.50 & 0.10 & 0 \end{bmatrix}$

数据管理：$R_2 = \begin{bmatrix} 0 & 0.45 & 0.35 & 0.20 & 0 \\ 0 & 0.35 & 0.40 & 0.25 & 0 \\ 0 & 0.25 & 0.45 & 0.15 & 0.15 \end{bmatrix}$

$$\text{数据质量}: R_3 = \begin{bmatrix} 0.10 & 0.40 & 0.40 & 0.10 & 0 \\ 0.05 & 0.20 & 0.45 & 0.25 & 0.05 \\ 0.10 & 0.15 & 0.55 & 0.15 & 0.05 \\ 0 & 0.30 & 0.35 & 0.30 & 0.05 \\ 0.15 & 0.35 & 0.35 & 0.15 & 0 \\ 0 & 0.10 & 0.70 & 0.10 & 0.10 \end{bmatrix}$$

$$\text{数据应用}: R_4 = \begin{bmatrix} 0.10 & 0.20 & 0.55 & 0.15 & 0 \\ 0.05 & 0.30 & 0.45 & 0.20 & 0 \\ 0.10 & 0.15 & 0.60 & 0.10 & 0.05 \\ 0.05 & 0.10 & 0.50 & 0.25 & 0.10 \\ 0.10 & 0.30 & 0.25 & 0.35 & 0 \\ 0 & 0.45 & 0.30 & 0.25 & \end{bmatrix}$$

$$\text{数据风险}: R_5 = \begin{bmatrix} 0.05 & 0.15 & 0.35 & 0.45 & 0 \\ 0 & 0.05 & 0.40 & 0.55 & 0 \\ 0.20 & 0.40 & 0.35 & 0.05 & 0 \end{bmatrix}$$

各二级指标所对应的权重向量分别为：

$A_1 = [0.4647 \quad 0.5353]$ ；$A_2 = [0.2241 \quad 0.3534 \quad 0.4225]$ ；

$A_3 = [0.2042 \quad 0.0957 \quad 0.1784 \quad 0.2127 \quad 0.1946 \quad 0.1144]$ ；

$A_4 = [0.2562 \quad 0.1277 \quad 0.1261 \quad 0.2368 \quad 0.1401 \quad 0.1131]$ ；

$A_5 = [0.1692 \quad 0.2737 \quad 0.5571]$

将得到的权重向量 A_{ij} 与模糊关系矩阵 R_{ij} 相乘，得到二级模糊综合评价结果。

$$R = \begin{bmatrix} 0.0803 & 0.2732 & 0.5000 & 0.1465 & 0 \\ 0 & 0.3302 & 0.4099 & 0.1965 & 0.0634 \\ 0.0722 & 0.2710 & 0.4455 & 0.1755 & 0.0358 \\ 0.0704 & 0.2251 & 0.4614 & 0.2131 & 0.0300 \\ 0.1199 & 0.2619 & 0.3637 & 0.2545 & 0 \end{bmatrix}$$

将一级指标组合权重 W 与模糊关系矩阵 R 相乘得到一级模糊综合评价结果。

$B = W \times R = [0.0656 \quad 0.2703 \quad 0.4366 \quad 0.1989 \quad 0.0286]$

由最大隶属度原则可知，$b_1 = \max\{b_1, b_2, \cdots, b_m\} = 0.4366$。因此，国家电网数据资产价值影响因素最终综合评价结果为"一般"。然后，对一级模糊综合评价结果进行赋权修正，修正权重分别为 1.4，1.2，1.0，0.8，0.6，得到数据资产价值修正系数 K。

$$K = \frac{0.0656 \times 1.4 + 0.2703 \times 1.2 + 0.4366 \times 1 + 0.1989 \times 0.8 + 0.0286 \times 0.6}{1}$$

$$= 1.0291$$

5.5.2　分成定价法评估过程

1. 企业自由现金流预测

（1）营业收入

根据 2016—2021 年财务报表，国家电网营业收入情况，如表 5-20 所示。

表 5-20　2016—2021 年国家电网营业收入及增长率

	营业收入（百万元）	营业收入增长率（%）
2016 年	2091812.03	—
2017 年	2358099.70	12.73
2018 年	2560254.24	8.57
2019 年	2652195.73	3.59
2020 年	2667667.82	0.58
2021 年	2971130.25	11.38

国家电网 2016—2021 年的营业收入保持稳定增长趋势，但增速有所下降。受 2020 年新冠疫情影响，2020 年国家电网营业收入增长率仅为 0.58%。国家电网 2022 年第一季度营业收入为 7962.13 亿元，半年营业收入为 16654.22 亿元，预测下半年将保持这一水平，2022 年营业收入预测为 33308.44 亿元，同比增长 12.11%。自 2023 年起，疫情影响减小，经济形势向好，将 2020 年营业收入增长率作为异常值处理，用其余 4 年的营业收入增长率平均值 9.07% 作为预测 2022—2026 年营业收入增长率的依据。具体预测结果，如表 5-21 所示。

表 5-21　2022—2026 年国家电网营业收入及其增长率预测

	营业收入（百万元）	营业收入增长率（%）
2022 年	3330843.68	12.11
2023 年	3632951.20	9.07

续表

	营业收入（百万元）	营业收入增长率（%）
2024 年	3962459. 87	9. 07
2025 年	4321854. 98	9. 07
2026 年	4713847. 23	9. 07

（2）其他指标

采用销售百分比法，对利润表其他有关指标进行预测，其他有关指标数据与其占营业收入的比例，如表 5-22、表 5-23 所示。

表 5-22　2017—2021 年国家电网利润表其他相关指标

（单位：百万元）

	2017 年	2018 年	2019 年	2020 年	2021 年
营业收入	2358099. 70	2560254. 24	2652195. 73	2667667. 82	2971130. 25
营业成本	2166037. 13	2375499. 79	2436354. 22	2479341. 23	2767262. 72
税金及附加	45154. 42	45307. 86	43065. 04	32920. 22	32456. 69
销售费用	10684. 90	9752. 17	10123. 49	8584. 53	8638. 85
管理费用	15535. 05	134111. 75	50364. 46	48153. 34	50446. 45
研发费用	10122. 11	9855. 02	14093. 57	16703. 61	16329. 64

表 5-23　2017—2021 年国家电网利润表其他相关指标占营业收入比

	2017 年	2018 年	2019 年	2020 年	2021 年	均值
营业成本	0. 9186	0. 9278	0. 9186	0. 9294	0. 9314	0. 9252
税金及附加	0. 0191	0. 0177	0. 0162	0. 0123	0. 0109	0. 0153
销售费用	0. 0045	0. 0038	0. 0038	0. 0032	0. 0029	0. 0037
管理费用	0. 0066	0. 0052	0. 0190	0. 0181	0. 0170	0. 0132
研发费用	0. 0043	0. 0038	0. 0053	0. 0063	0. 0055	0. 0050

根据国家电网财务报表附注披露，国家电网企业所得税税率为正常税率25%。根据式（5.7）和式（5.8）计算得到国家电网息前税后净利润预测值，如表 5-24 所示。

表 5-24 2022—2026 年国家电网息前税后净利润预测

(单位：百万元)

	2022 年	2023 年	2024 年	2025 年	2026 年
营业收入	3330843.68	3632951.20	3962459.87	4321854.98	4713847.23
减：营业成本	3081696.57	3361206.45	3666067.87	3998580.23	4361251.46
减：税金及附加	50961.91	55584.15	60625.64	66124.38	72121.86
减：销售费用	12324.12	13441.92	14661.10	15990.86	17441.23
减：管理费用	43967.14	47954.96	52304.47	57048.49	62222.78
减：研发费用	16654.22	18164.76	19812.30	21609.27	23569.24
等于：息税前利润	125239.72	136598.97	148988.49	162501.75	177240.66
减：所得税	31309.93	34149.74	37247.12	40625.44	44310.16
等于：息前税后净利润	93929.79	102449.22	111741.37	121876.31	132930.49

对国家电网 2017—2021 年折旧与摊销、资本性支出及营运资金增加采用销售百分比法进行预测，相关数据及计算结果，如表 5-25 所示。

表 5-25 2017—2021 年国家电网折旧与摊销、资本性支出、营运资金占营业收入比

	2017 年	2018 年	2019 年	2020 年	2021 年
营业收入（百万元）	2358099.70	2560254.24	2652195.73	2667667.82	2971130.25
折旧与摊销（百万元）	300079.76	307748.98	299818.55	283308.95	335321.80
占营业收入比（%）	12.73	12.02	11.30	10.62	11.29
资本性支出（百万元）	21012.21	393211.57	23934.72	435059.01	496105.15
占营业收入比（%）	0.89	15.36	0.90	16.31	16.70
营运资金增加（百万元）	-283405.89	-50248.46	-126339.02	-186836.47	12679.80
占营业收入比（%）	-12.02	-1.96	-4.76	-7.00	0.43

根据国家电网财务报表，近 5 年国家电网的折旧与摊销占营业收入的比例保持在 10%~13%，较为稳定，选用近 5 年占比平均值 11.59% 作为预测折旧与摊销的依据。近 5 年的资本性支出占营业收入的比例波动较大，2020 年和 2021 年受疫情影响，资本性支出占比 16% 以上。由于后疫情时代可能会受其他因素的影响，选用近 5 年占比平均值 10.03% 作为预测资本性支出的依据。对于营运资金增加，选用 2018—2021 年占比平均值 -2.38% 进行预测。

具体预测结果，如表 5-26 所示。

表 5-26　2022—2026 年国家电网企业自由现金流预测

（单位：百万元）

	2022 年	2023 年	2024 年	2025 年	2026 年
息前税后净利润	93929.79	102449.22	111741.37	121876.31	132930.49
加：折旧与摊销	386044.78	421059.04	459249.10	500902.99	546334.89
减：资本性支出	334083.62	364385.01	397434.72	433482.05	472798.88
减：营运资金增加	−79274.08	−86464.24	−94306.54	−102860.15	−112189.56
等于：企业自由现金流	225165.03	245587.50	267862.29	292157.40	318656.07

2. 折现率及永续增长率

（1）权益资本成本

本案例评估基准日为 2021 年 12 月 31 日，选取 2021 年 5 年期国债利率 3.57% 作为无风险利率 R_f。选取 2011—2021 年沪深 300 的市场收益率的平均值 10.70% 作为市场报酬率 R_m。选取我国电力行业上市公司市值前 10 名企业，剔除数据不全的龙源电力、三峡能源和中国广核，以剩余 7 家企业 2017—2021 年的 β 值为基础，采用国家电网所有者权益比率与可比公司所有者权益比率相比，对 β 值进行修正，将近 5 年各可比公司修正后的 β 值的平均值，作为国家电网的 β 值。可比公司所有者权益比率，如表 5-27 所示。

表 5-27　2017—2021 年可比公司所有者权益比率

	长江电力	华能水电	华能国际	中国核电	国投电力	国电电力	大唐发电
2017 年	0.4526	0.2441	0.2436	0.2568	0.2915	0.2651	0.2576
2018 年	0.4829	0.2719	0.2523	0.2583	0.3180	0.3084	0.2437
2019 年	0.5060	0.3389	0.2828	0.2605	0.3311	0.3198	0.2898
2020 年	0.5390	0.3858	0.3229	0.3051	0.3608	0.3477	0.3260
2021 年	0.5792	0.4122	0.2533	0.3063	0.3648	0.2794	0.2578

可比公司的 β 值及修正 β 值，如表 5-28 所示。

表 5-28 2017—2021 年可比公司的 β 值及修正 β 值

	长江电力	华能水电	华能国际	中国核电	国投电力	国电电力	大唐发电
2017 年	0.3117	−1.9734	0.4204	0.6033	0.4072	0.6001	0.8837
修正值	0.2919	−3.4262	0.7314	0.9956	0.5920	0.9593	1.4539
2018 年	0.3598	1.0297	0.5481	0.7586	0.5908	0.6142	0.7543
修正值	0.3227	1.6402	0.9409	1.2720	0.8046	0.8625	1.3405
2019 年	0.2163	0.7908	0.4581	0.9044	0.6723	0.7029	0.8260
修正值	0.1866	1.0185	0.7071	1.5154	0.8863	0.9594	1.2441
2020 年	0.3353	0.6802	0.8531	0.8291	0.6695	0.6347	0.8810
修正值	0.2720	0.7708	1.1551	1.1881	0.8113	0.7981	1.1815
2021 年	0.2942	0.5436	0.6666	0.7784	0.5370	0.5951	0.5652
修正值	0.2235	0.5804	1.1582	1.1184	0.6478	0.9374	0.9649

根据表 5-28 中可比公司各年度的修正 β 值，进行算术平均处理后，得到国家电网的 β 值为 0.7745。

根据式（5.12），计算国家电网的权益资本成本为：

$$R_e = 3.57\% + 0.7745 \times (10.70\% - 3.57\%) = 9.09\%$$

（2）债务资本成本

查询国家电网近 5 年的财务报表，国家电网的借款种类及年限较多，年末利率区间跨度不一，选用 2021 年中国人民银行公布的 5 年期贷款基准利率 4.75% 作为国家电网的债务资本成本 R_d。

（3）加权平均资本成本

通过查阅 2017—2021 年国家电网财务报表，确定所有者权益及负债各自占资产的比重，如表 5-29 所示。

表 5-29 2017—2021 年国家电网资本结构

	2017 年	2018 年	2019 年	2020 年	2021 年
资产（百万元）	3811327.74	3929305.58	4155850.39	4346227.58	4671524.25
负债（百万元）	2195946.66	2227601.09	2341972.93	2446040.44	2615437.65
所有者权益（百万元）	1615381.08	1701704.49	1813877.46	1900187.14	2056086.60
负债占比（%）	57.62	56.69	56.35	56.28	55.99
所有者权益占比（%）	42.38	43.31	43.65	43.72	44.01

根据表 5-29，国家电网近 5 年的资本结构较为稳定。近 5 年负债的平均占比为 56.59%，所有者权益的平均占比为 43.41%。根据式（5.11），计算得出国家电网的加权平均资本成本为：

$$WACC = 43.41\% \times 9.09\% + 56.59\% \times 4.75\% \times (1 - 25\%) = 5.96\%$$

（4）永续增长率

经过预测期高速增长后，国家电网进入稳定增长期。稳定增长期的增长速度比预测期会慢一些。假设企业在稳定增长期的增长速度可以参考国家 GDP 增长率。经查询，我国 2020 年 GDP 增长率为 2.2%，2021 年 GDP 增长率为 8.1%。GDP 增长率受疫情及防控政策影响，变动幅度较大。但随着疫情形势的好转及防控政策的逐步放开，2022 年我国 GDP 比上年实际增长 3%。参考 2022 年我国 GDP 增长率，本案例假设国家电网稳定期的增长率为 2.5%。

3. 企业整体价值

（1）预测期企业价值

根据式（5.3）计算国家电网 2022—2026 年预测期的企业价值。具体数据，如表 5-30 所示。

表 5-30　2022—2026 年国家电网企业整体价值

	2022 年	2023 年	2024 年	2025 年	2026 年
企业自由现金流（百万元）	225165.03	245587.50	267862.29	292157.40	318656.07
折现率（%）	5.96	5.96	5.96	5.96	5.96
企业自由现金流现值（百万元）	212500.03	218737.05	225157.14	231765.66	238568.14

根据表 5-30，国家电网预测期企业价值为 1126728.02 百万元。

（2）稳定增长期企业价值

根据式（5.3）计算国家电网稳定增长期的企业价值为：

$$稳定增长期企业价值 = \frac{318656.07 \times (1 + 2.5\%)}{(5.96\% - 2.5\%) \times (1 + 5.96\%)^5}$$
$$= 7067408.83 （百万元）$$

因此，得到国家电网企业整体价值为：

$$企业整体价值 = 预测期企业价值 + 稳定增长期企业价值$$
$$= 1126728.02 + 7067408.83$$
$$= 8194136.85 （百万元）$$
$$= 81941.37 （亿元）$$

5.6 评估结果分析

5.6.1 组合赋权法评估结果分析

利用影响国家电网数据资产价值的各一级指标的组合权重 W 与国家电网 2021 年财务报表中与之对应的指标价值相乘，再乘以修正系数 K，得到国家电网修正后的数据资产价值。

$$P = (V_{U1} \times W_{U1} + V_{U2} \times W_{U2} + V_{U3} \times W_{U3} + V_{U4} \times W_{U4} + V_{U5} \times W_{U5}) \times K$$
$$= (701.72 \times 0.1541 + 504.46 \times 0.2145 + 163.30 \times 0.1969 + 101.87 \times$$
$$0.2654 + 3.08 \times 0.1691) \times 1.0291 = 284.09（亿元）$$

5.6.2 分成定价法评估结果分析

1. 数据资产价值分成率

根据式（5.13）计算得出数据资产价值分成率为：

$$W_d = \frac{P_{d1}}{P_c + P_f + P_i} = \frac{284.09}{5020.74 + 31588.07 + 950.91} = 0.76\%$$

2. 数据资产价值修正系数

本案例选取 20 位相关领域专家确定数据资产价值修正系数 σ。具体数据，如表 5-31 所示。

表 5-31 国家电网数据资产价值修正系数

σ 值							
专家 1	0.75	专家 6	0.85	专家 11	0.90	专家 16	0.80
专家 2	0.70	专家 7	0.60	专家 12	0.75	专家 17	0.90
专家 3	0.80	专家 8	0.55	专家 13	0.70	专家 18	0.85
专家 4	0.65	专家 9	0.70	专家 14	0.60	专家 19	0.75
专家 5	0.80	专家 10	0.75	专家 15	0.55	专家 20	0.65

　　根据表 5-31, 得到修正系数 σ 的平均值为 0.73。根据式 (5.2) 计算得出基于分成定价法的国家电网数据资产价值为:

$$P_{d2} = EV \times W_d \times \sigma = 81941.37 \times 0.76\% \times 0.73 = 454.61 （亿元）$$

　　本案例通过两种模型分别评估国家电网 2021 年 12 月 31 日的数据资产价值。基于组合赋权法得到数据资产价值为 284.09 亿元, 基于分成定价法得到数据资产价值为 454.61 亿元。考虑到国家电网处于数字化转型阶段, 数据的收集与挖掘, 数据资产的利用及管理等仍处于起步阶段。因此, 选取评估价值较低的基于组合赋权法的评估结果 284.09 亿元, 作为国家电网数据资产价值。

　　综上所述, 本案例基于组合赋权法, 结合国家电网数据资产特点, 构建了包含 20 个二级指标的评价体系, 并验证了模型的有效性;基于分成定价法, 评估国家电网的企业价值再进行数据资产价值分成, 确定数据资产价值。但是, 本案例也存在一些缺陷。国家电网财务报表中披露的数据不像上市公司那么完整, 导致相关数据获取较为困难。同时, 采用层次分析法的专家打分法, 也存在较大的主观性。

第6章 易华录数据资产评估

6.1 易华录基本情况

易华录作为中国华录集团（现隶属于中国电子科技集团有限公司）的上市公司，致力于构建以信息产业为基础的新型文化产业集团，并提出了"1+3+N"的数字经济发展战略。"1"即强化科技创新，以自主可控的光存储技术为核心，构筑大数据融合存储产品、智能算法与开发利用关键能力；"3"即布局终端与智能制造、信息产品与服务、文化内容与创意三大产业板块，提供核心产品与服务；"N"即重点培育开发系列数字与创意应用。

易华录积极响应国家大数据战略，实施"数据湖+"发展战略，致力于通过建设城市数据湖这一新时代数字经济基础设施，促进全社会数据生产要素的汇聚与融通，为构建数字孪生城市奠定坚实基础。数据湖是易华录企业的核心产品，把冷数据和热数据共同放进数据湖中，通过数据分析、数据运算，经过搜索引擎将分析结果传输到政府、企业等部门，实现高效决策、高效办公。目前，超级智能存储技术已在全国20个省、自治区、直辖市建成了32个城市数据湖，覆盖"东数西算"工程8个国家枢纽节点中的京津冀、长三角、成渝、粤港澳、宁夏、贵州6个部分。易华录数据湖累计部署蓝光存储规模近3900PB，建成和规划机架超2万架，为政府的智慧城市建设、智能交通系统建设、医疗信息和政府办公信息提供分级分类的存储业务。数据湖已经成为新一代数字经济基础设施和城市数据底座标配，是全国一体化大数据中心协同创新体系的重要组成部分。

易华录核心数据资产是数据湖运营业务的数据资产，主要包括两个部分：

一是数据湖运营业务中产生的数据，二是利用数据湖存储的数据进行业务开发的数据。数据湖运营业务为智慧城市建设、智能交通系统、医疗信息和政府办公提供分级、分类的存储服务过程中，产生了包括客户名录、存储名录、分类、分级和编号等相关信息的大量数据资产。数据湖不仅是易华录对外提供数据存储的场所，还是进行数据运营、开发数据产品的孵化池。在进行数据湖运营时，通过数据挖掘不仅可以形成独特的数据产品或者服务，还可以在具体的应用场景中发挥关键作用。

6.2　评估基本要素

6.2.1　评估对象与评估范围

本案例的评估对象为易华录数据湖运营业务单元的数据资产，具体包括未认证的数据资源、数据库文件、运营记录和解决方案等。

6.2.2　评估目的与价值类型

本案例的评估目的是综合考虑数据资产的数据信息老化、数据质量评价等因素，合理确定易华录数据湖运营业务单元整体数据资产在评估基准日2023 年 12 月 31 日的市场价值。价值类型为市场价值，是自愿买方和自愿卖方，在各自理性行事且未受任何强迫的情况下，评估对象在评估基准日进行正常公平交易的价值估计数额。为保证公平公正，本案例使用的数据均来源于公开市场。

6.2.3　评估假设与评估方法

1. 评估假设

本案例在进行数据资产价值评估时，基于一些必要的假设，主要包括：第一，易华录在未来一段时间内未发生重大影响事件，国家法律法规等无重大改变；第二，易华录所处的市场环境为公开市场，且现行的市场状况在预测期内无重大改变；第三，易华录在预测期内将继续按照现有用途正常合法使用，且保持数据资产相关业务持续开展；第四，易华录在市场上公开的所有资料都是真实、合法且完整的；第五，易华录的管理层在预测期内的所有重大决策不予考虑，即易华录在预测期内的重大决策不会影响本案例自由现金流的预测。

2. 评估方法

结合易华录数据湖运营业务单元数据资产的特点，本案例选择超额收益法进行评估。在确定易华录数据湖运营业务单元数据资产未来超额收益时，增加了数据信息老化系数和数据质量系数进行修正。

6.3 数据资产价值影响因素

6.3.1 数据质量

数据资产的质量是易华录提供服务的重要基石。易华录提供服务的核心是要为被服务企业争取到竞争优势，帮助企业快速感知市场变化，优化企业的生产流程，提高产品的开发、迭代和更新的速度，降低企业的运维成本，从而获取竞争优势。只有分析高质量的数据才能提供有效服务，从而为被服务企业带来明显效果。易华录在进行数据采集、数据存储和数据分析活动时是基于高质量的数据，只有高质量的数据才能满足企业基于这些数据形成解决方案。

6.3.2 数据信息老化

数据资产信息老化是影响易华录数据资产价值的重要因素。数据资产的价值核心是其包含的有效信息，信息时代的有效信息就是最大的财富来源。数据资产价值的实现在于使用者可以对数据资产进行有效信息提取。但是，数据资产包含的有效信息是随着时间推移不断衰减的，其有效信息的价值也是不断衰减的。这种现象被称为信息老化，即随着信息的老化其效用价值也是不断降低的。

6.3.3 数据应用场景

数据资产的应用场景是易华录数据资产创造价值大小的依据。数据资产在不同的应用场景中能创造的价值是不同的，每一个企业的数据资产都有其独特的应用场景，或与相关软件相结合，或直接进行分析形成方案，只有将数据资产与具体的业务相结合，才能发挥数据资产的价值。但数据资产的应用场景往往具有局限性，如医疗企业的数据资产往往适用于医疗领域，而易

华录作为互联网信息服务企业的数据资产却是综合性的，能够与不同的领域
结合形成不同的应用场景。分析易华录数据资产的应用场景，不仅可以判断
是否是数据资产带来的收益，还能将数据资产迁移到其他应用场景。

6.4　评估模型构建

6.4.1　基本思路

采用超额收益法评估易华录数据资产价值的基本思路是，识别易华录数
据资产运用于企业的具体业务单元，并分析这些业务单元的商业模式获取业
务单元自由现金流，然后分析构成该业务单元的各项资产的贡献，剥离该业
务单元数据资产以外的其他资产的贡献，剩余的是数据资产的贡献。在取得
业务单元数据资产超额收益的基础上，合理确定数据资产的折现率和收益期
限，将考虑数据资产质量和数据资产信息老化的超额收益折现得到该业务单
元数据资产价值。

6.4.2　具体模型

在运用超额收益法评估数据资产价值时，必须考虑数据资产因其信息老
化而产生的价值流失。数据资产所处的生命周期不同，更新情况不同，信息
老化程度不同，能够带来的预期收益也不同。数据资产带来的预期收益符合
理论部分所述的数据信息老化理论。因此，在构建数据资产价值评估超额收
益模型时，要增加数据信息老化系数。

数据质量是影响企业数据资产价值的重要因素，任何数据所能带来未来
收益的多少都取决于数据质量的高低。在使用超额收益法预测数据资产能够
带来的预期收益时，必须考虑数据质量的影响。因此，在构建数据资产价值
评估超额收益模型时，要增加数据质量系数。

结合数据信息老化和数据质量系数，在传统超额收益法的基础上，重新
构建数据资产评估模型。具体计算公式为：

$$P = \sum_{t=1}^{n} F_t \frac{K \times S \times M}{(1+r)^t} \qquad\qquad 式（6.1）$$

式中，F_t 为与数据资产有关的业务单元超额收益；K 为数据资产质量修
正系数；S 为数据信息老化系数；M 为包含数据资产的表外无形资产中数据资

产的分成率；$F_t \times M$ 为与数据资产有关的业务单元中数据资产的超额收益；r 为折现率。

数据资产的质量修正系数 K 主要关联于企业的数据治理水平，参照国标《信息技术数据质量评价指标》，从准确性、精确性、真实性、完整性、时效性、关联性、规范性、全面性 8 个维度进行评分与调整。数据信息老化系数 S 用于评估数据资产中有效信息的含量，反映了数据资产在 t 时刻的信息老化程度，即该时刻数据资产中仍保留的有效信息比例。

6.4.3 参数确定

1. 业务单元超额收益

业务单元超额收益是在与数据资产有关的业务单元整体收益中扣除固定资产、流动资产和表内无形资产的收益后剩余的收益。专业的现代服务企业是基于一定的数据、知识和商业模式提供专业服务的，企业的业务单元形式较为单一，而不同的数据资产是和不同的业务单元相结合的。因此，需要鉴别企业的业务是否与数据资产相关。鉴别出与数据资产相关的业务单元，再进行业务单元超额收益的测算。业务单元超额收益具体计算公式为：

业务单元超额收益＝业务单元自由现金流－

业务单元固定资产对自由现金流的贡献－

业务单元流动资产对自由现金流的贡献－

业务单元表内无形资产对自由现金流的贡献

式（6.2）

（1）业务单元自由现金流

业务单元自由现金流与企业自由现金流的计算并无区别，只是用业务单元替换了企业。业务单元自由现金流具体计算公式为：

业务单元自由现金流＝业务单元对应的 EBIT×（1－所得税税率）＋

折旧与摊销－营运资金增加－资本性支出

式（6.3）

（2）业务单元固定资产贡献

固定资产的贡献由固定资产的损耗补偿和固定资产的投资回报两部分组

成。固定资产的损耗补偿用参与该业务的固定资产年平均折旧额表示，固定资产的投资回报用参与该业务的固定资产价值乘以社会平均固定资产投资回报率。具体计算公式为：

业务单元固定资产贡献＝固定资产损耗补偿+固定资产投资回报

式（6.4）

其中，

固定资产损耗补偿＝业务单元固定资产价值×固定资产折旧率

式（6.5）

固定资产投资回报＝业务单元固定资产价值×社会平均固定资产投资回报率

式（6.6）

（3）业务单元流动资产贡献

流动资产贡献一般是指企业流动资产应该获得的必要投资报酬，通常是预期企业流动资产价值和流动资产投资回报率的乘积。具体计算公式为：

业务单元流动资产贡献＝业务单元流动资产价值×流动资产投资回报率

式（6.7）

（4）业务单元表内无形资产贡献

业务单元表内无形资产贡献包含两部分：一是无形资产的损耗补偿；二是无形资产的投资回报。本案例需要先扣除非参与数据资产业务单元的无形资产，如土地使用权等，再测算其他无形资产的投资回报。

业务单元无形资产贡献＝无形资产损耗补偿+无形资产投资回报

式（6.8）

其中，

无形资产损耗补偿＝业务单元无形资产价值×无形资产摊销率

式（6.9）

无形资产投资回报=业务单元无形资产价值×社会平均无形资产投资回报率

式（6.10）

2. 数据资产分成率

数据资产分成率是包含数据资产的表外无形资产中数据资产的分成率，即公式中的 M 系数。数据资产的分成率可以通过层次分析法确定。在互联网信息服务企业中，与数据资产共同产生收益但没有计入企业资产负债表的表外无形资产，通常包括企业管理能力、品牌效益和客户关系。表外无形资产是互联网信息服务企业对外提供优质服务的基石，是企业的软实力。将组合无形资产的总收益作为目标层，将反映企业业务能力的降低企业成本、提高企业收入、增强企业竞争力和提升企业抗风险能力作为准则层，数据资产和其他表外无形资产作为方案层。构建的层次结构，如表6-1所示。

表6-1 易华录层次结构

目标层	准则层	方案层
组合无形资产收益	降低企业成本	数据资产
	提高企业收入	企业管理能力
	增强企业竞争力	品牌效益
	提升企业抗风险能力	客户关系

在建立层次结构的基础上，邀请专家根据重要程度打分，建立判断矩阵，最终计算出数据资产的分成率。层次分析法具体操作步骤如4.5.1节所述，此处不再赘述。

3. 数据质量系数

数据质量是在特定条件使用时，数据的特性满足明确和隐含要求的程度。衡量数据质量有不同的标准，但是各个标准都不能完全覆盖数据资产的各个特点。因此，按照前文所说，根据《信息技术数据质量评价指标》，从准确性、精确性、真实性、完整性、时效性、关联性、规范性、全面性8个维度进行评价打分，每个维度的打分情况需要考虑该维度对数据具体质量的要求，按照要求标准和数据资产实际情况给出每个维度具体分值，再按照相等权重得到数据质量系数 K。

4. 数据信息老化系数

数据信息老化系数是反映数据资产价值流失情况、有效信息多寡情况的系数。不同行业、不同领域的数据资产的信息老化过程是不同的。因此，在研究数据资产信息老化情况时，需要先进行行业分析，确定该行业数据资产生命周期，根据该行业数据资产效用与时间的关系进行实证研究。本案例借鉴英国著名情报学家布鲁克斯的负指数模型研究互联网信息服务企业数据信息老化系数 S。具体计算公式为：

$$C(t) = Qe^{-at} \qquad\qquad 式（6.11）$$

式中，$C(t)$ 为在 t 时刻数据资产包含的信息效用衰减后剩余有效信息的价值；Q 为常数；a 为价值流失率；t 为时间。根据行业的不同，各个参数的取值也不同。在此借鉴马费成等（2009）中文期刊电子文献被引用情况的实证研究结果。具体计算公式为：

$$C(t) = 88.769e^{-0.125t} \qquad\qquad 式（6.12）$$

确定信息老化系数，需判断数据所处的生命周期、所产生的时间，并按年进行统计。本案例假设数据是连续等量产生的，第一年的数据将 t 赋值为 1，计算出来的就是第一年的 S 系数；第二年则有 1/2 的数据对应的 t 应该赋值为 1，1/2 的数据对应的 t 赋值为 2，将计算结果求和就是第二年的 S 系数；第三年有 1/3 的数据对应的 t 应该赋值为 1，1/3 的数据对应的 t 赋值为 2，1/3 的数据对应的 t 赋值为 3，将计算结果汇总就是 S 系数，后面的年份，依此类推。

5. 数据资产收益期

不同行业的数据资产有不同的生命周期，数据资产的生命周期不同也决定了数据资产的收益期不同。同时，不同应用场景的数据资产，收益期也不相同。因此，在确定易华录数据湖运营业务单元数据资产收益期时，需要充分考虑数据资产的应用行业和具体的应用场景。

6. 数据资产折现率

数据资产折现率是数据资产获取收益的风险，也是投资者对数据资产投资回报的预期。但是，数据资产必须和其他资产组合才能发挥其作用，很难直接测算其折现率。互联网信息服务企业的无形资产和数据资产相互交融，在一个业务中缺一不可。因此，本案例将无形资产的折现率作为数据资产的折现率。一般可以采用回报率分拆法求取，回报率分拆法的思路是求取企业加权平均资本成本（WACC）和加权平均资产回报率（WARA），当两者相等时，倒算出无形资产回报率，即为数据资产折现率。具体计算公式为：

$$WARA = W_e \times r_e + W_f \times r_f + W_i \times r_i \qquad 式（6.13）$$

式中，r_i 为无形资产回报率；W_i 为无形资产所占权重；W_e 为流动资产所占权重；W_f 为固定资产所占权重；r_e 为流动资产投资回报率；r_f 为固定资产投资回报率。

当 $WACC = WARA$ 时，无形资产回报率 r_i 的计算公式为：

$$r_i = \frac{WACC - W_e \times r_e - W_f \times r_f}{W_i} \qquad 式（6.14）$$

其中，

$$WACC = R_e \frac{E}{D+E} + R_d(1-T)\frac{D}{D+E} \qquad 式（6.15）$$

式中，$WACC$ 为企业加权平均资本成本；D 为债权价值；E 为股权价值；T 为企业所得税税率；R_d 为债权资本成本；R_e 为股权资本成本。

6.5 评估过程

6.5.1 数据资产收益期

数据资产收益期是数据资产能够持续发挥作用且可以持续带来收益的时间。数据资产处于不同生命周期，其包含的有效信息不同，其效用和价值也就不同。数据湖运营业务存储的数据多为政府公共数据、交通数据、科技企业数据，存储时间可以长达 50 年，但所存储的数据使用期限并不到 50 年。其中，交通数据的使用频率多集中在数据产生的 1 周到 1 年；政府数据存储时间一般为 10~20 年；科技企业存储的数据，使用频率相对较高，经常使用积累的数据分析及时调整经营战略，大多数学者研究结果显示其生命周期约为 6.5 年。根据易华录数据湖存储数据的类型和使用情况，预计其生命周期为 10 年，其中第 1 年为数据资产的成长期，第 2～3 年为成熟期，第 4～10 年为衰退期，符合信息半衰期规律。

　　数据湖存储的数据是动态的、不断更新补充的。因此，存储在数据湖里的数据资产所处的生命周期也是不同的。本案例假设数据湖运营业务单元数据的产生是均匀的，即每年产生等量的数据，每年的数据都按照其生命周期预计其所处的阶段及其价值流失情况。

6.5.2　数据资产超额收益

1. 数据湖运营业务单元自由现金流预测

（1）数据湖运营业务单元营业收入

　　预测自由现金流的基础是对营业收入进行预测。以 2019—2023 年的数据湖运营业务单元营业收入为基础，结合企业未来规划和业务转型，采用灰色预测模型进行拟合预测。易华录数据湖运营业务单元营业收入预测结果，如表 6-2 所示。

表 6-2　2024—2033 年易华录数据湖运营业务单元营业收入预测

（单位：万元）

	2024 年	2025 年	2026 年	2027 年	2028 年
营业收入	27688.87	28821.95	30001.40	31229.10	32507.05
	2029 年	2030 年	2031 年	2032 年	2033 年
营业收入	33837.30	35221.98	36663.33	38163.66	46815.67

（2）数据湖运营业务单元营业成本

　　根据易华录财务报表，2019—2023 年数据湖运营业务单元营业成本，如表 6-3 所示。

表 6-3　2019—2023 年易华录数据湖运营业务单元营业成本

	2019 年	2020 年	2021 年	2022 年	2023 年
营业成本（万元）	11777.25	11814.98	13851.02	12841.29	16975.61
占营业收入比（%）	52	50	57	50	58

根据表 6-3，2019—2023 年易华录数据湖运营业务单元营业成本占营业收入的比例比较稳定。因此，采用近 5 年平均值 53.36% 作为预测营业成本的依据。易华录数据湖运营业务单元营业成本预测结果，如表 6-4 所示。

表 6-4　2024—2033 年易华录数据湖运营业务单元营业成本预测

（单位：万元）

	2024 年	2025 年	2026 年	2027 年	2028 年
营业成本	14775.97	15380.63	16010.04	16665.19	17347.16
	2029 年	2030 年	2031 年	2032 年	2033 年
营业成本	18057.04	18795.97	19565.13	20365.77	24982.86

（3）数据湖运营业务单元各项费用

在易华录公开的数据中，营业收入和营业成本是按照业务单元进行披露的。然而，各项费用却是所有业务的总费用。因此，本案例先按照各项费用总额除以营业收入，计算出各项费用占营业收入的比例，再利用数据湖运营业务单元的营业收入乘以各项费用对应的比例预测各项费用。

2023 年，易华录发生了人员结构优化调整，借贷融资到期需一次性偿还巨额利息，该年的所有费用都偏离正常情况。其中，管理费用、销售费用大幅度提高，甚至占营业收入的 30%，而研发费用却大幅度削减。因此，2023 年的特殊情况不能作为预测基准，本案例采用 2018—2022 年各项费用及其占营业收入的比例进行预测，如表 6-5 所示。

表 6-5　2018—2022 年易华录数据湖运营业务单元各项费用及占比

	2018 年	2019 年	2020 年	2021 年	2022 年
税金及附加（万元）	1485.73	1324.6	1361.52	1364.16	1048.56
占营业收入比（%）	0.50	0.35	0.53	0.68	0.65
销售费用（万元）	17635.86	15269.57	13071.84	17496.41	18653.54
占营业收入比（%）	5.97	4.08	5.05	8.66	11.63
管理费用（万元）	28527.33	32095.34	29097.39	30300.63	28203.47
占营业收入比（%）	9.65	8.57	11.25	15.00	17.58
研发费用（万元）	10758.97	6318.84	8765.64	9057.86	5844.22
占营业收入比（%）	3.64	1.69	3.39	4.48	3.64

根据表 6-5，易华录税金及附加占营业收入的比例较为稳定。因此，采

用近 5 年平均值 0.54% 作为预测税金及附加的依据。易华录的销售费用、管理费用、研发费用的比例近年来逐渐提高，但预计未来业务趋于稳定后各项费用将会降低并且保持稳定状态。因此，也采用近 5 年平均值 7.08%、12.41%、3.37% 作为预测销售费用、管理费用、研发费用的依据。易华录数据湖运营业务单元各项费用预测结果，如表 6-6 所示。

表 6-6 2024—2033 年易华录数据湖运营业务单元各项费用预测

（单位：万元）

	2024 年	2025 年	2026 年	2027 年	2028 年
税金及附加	149.52	155.64	162.01	168.64	175.54
销售费用	1960.37	2040.59	2124.10	2211.02	2301.50
管理费用	3436.19	3576.80	3723.17	3875.53	4034.12
研发费用	933.11	971.30	1011.05	1052.42	1095.49
	2029 年	2030 年	2031 年	2032 年	2033 年
税金及附加	182.72	190.20	197.98	206.08	252.80
销售费用	2395.68	2493.72	2595.76	2701.99	3314.55
管理费用	4199.21	4371.05	4549.92	4736.11	5809.82
研发费用	1140.32	1186.98	1235.55	1286.12	1577.69

（4）数据湖运营业务单元所得税

易华录被认定为高新技术企业，根据《中华人民共和国企业所得税法》，高新技术企业享受国家税收优惠，企业所得税按照 15% 税率计征。本案例假设易华录在数据资产收益期内仍被认定为高新技术企业，继续按照 15% 税率缴纳企业所得税。易华录数据湖运营业务单元所得税预测结果，如表 6-7 所示。

表 6-7 2024—2033 年易华录数据湖运营业务单元所得税预测

（单位：万元）

	2024 年	2025 年	2026 年	2027 年	2028 年
所得税	965.06	1004.55	1045.65	1088.44	1132.99
	2029 年	2030 年	2031 年	2032 年	2033 年
所得税	1179.35	1227.61	1277.85	1330.14	1631.69

（5）数据湖运营业务单元折旧与摊销

易华录数据湖运营业务单元的折旧与摊销，需要剥离与其无关的资产再进行预测。易华录数据湖运营业务单元需要提取折旧的固定资产主要有房屋及建筑物、机器设备、运输设备、电子设备、办公设备及其他，需要进行摊销的无形资产主要有土地使用权、专利权、非专利技术、软件使用权、软件著作权。其中，土地使用权与经营业务关系不大，在计算自由现金流时应予以扣除。根据易华录财务报表，2019—2023 年易华录数据湖运营业务单元固定资产折旧占营业收入的比例较为稳定。因此，采用近 5 年平均值 1.81% 作为预测固定资产折旧的依据。根据易华录财务报表，2019—2023 年易华录数据湖运营业务单元无形资产摊销占营业收入的比例较为稳定。因此，采用近 5 年平均值 3.34% 作为预测无形资产摊销的依据。数据湖运营业务单元折旧与摊销预测结果，如表 6-8 所示。

表 6-8　2024—2033 年易华录数据湖运营业务单元折旧与摊销预测

（单位：万元）

	2024 年	2025 年	2026 年	2027 年	2028 年
折旧	501.17	521.68	543.03	565.25	588.38
摊销	924.81	962.65	1002.05	1043.05	1085.74
	2029 年	2030 年	2031 年	2032 年	2033 年
折旧	612.46	637.52	663.61	690.76	847.36
摊销	1130.17	1176.41	1224.56	1274.67	1563.64

（6）数据湖运营业务单元资本性支出

根据易华录财务报表，资本性支出变化幅度非常大。2021 年资本性支出占营业收入的比例达到了 30%，但 2022 年、2023 年所占比例仅为 15% 左右，大部分年份保持在 5% 左右。互联网信息服务企业在经营模式成熟后，资本性支出占比通常会低于 5%。根据部分互联网信息服务企业的财务数据，成熟企业的资本性支出占比通常为 3%。因此，本案例采用 3% 作为预测资本性支出的依据。易华录数据湖运营业务单元资本性支出预测结果，如表 6-9 所示。

表 6-9　2024—2033 年易华录数据湖运营业务单元资本性支出预测

（单位：万元）

	2024 年	2025 年	2026 年	2027 年	2028 年
资本性支出	830.67	864.66	900.04	936.87	975.21
	2029 年	2030 年	2031 年	2032 年	2033 年
资本性支出	1015.12	1056.66	1099.90	1144.91	1404.47

（7）数据湖运营业务单元营运资金增加

营运资金是企业维持正常的生产经营活动所需的资金，通常是经营性流动资产减去经营性流动负债的余额。根据易华录的资产负债表，很难将其经营性资产负债和非经营性资产负债进行划分，导致营运资金增加预测困难。因此，本案例参考行业营运资金增加额占营业收入的平均值 1.83% 作为预测依据。易华录数据湖运营业务单元营运资金增加预测结果，如表 6-10 所示。

表 6-10　2024—2033 年易华录数据湖运营业务单元营运资金增加预测

（单位：万元）

	2024 年	2025 年	2026 年	2027 年	2028 年
营运资金增加	506.71	527.44	549.03	571.49	594.88
	2029 年	2030 年	2031 年	2032 年	2033 年
营运资金增加	619.22	644.56	670.94	698.39	856.73

根据以上预测结果，汇总得到易华录数据湖运营业务单元自由现金流预测结果，如表 6-11 所示。

表 6-11　2024—2033 年易华录数据湖运营业务单元自由现金流预测

（单位：万元）

	2024 年	2025 年	2026 年	2027 年	2028 年
营业收入	27688.87	28821.95	30001.40	31229.10	32507.05
减：营业成本	14775.97	15380.63	16010.04	16665.19	17347.16
减：税金及附加	149.52	155.64	162.01	168.64	175.54
减：销售费用	1960.37	2040.59	2124.10	2211.02	2301.50
减：管理费用	3436.19	3576.80	3723.17	3875.53	4034.12

续表

	2024 年	2025 年	2026 年	2027 年	2028 年
减：研发费用	933.11	971.30	1011.05	1052.42	1095.49
减：所得税	965.06	1004.55	1045.65	1088.44	1132.99
等于：息前税后净利润	5468.65	5692.44	5925.38	6167.86	6420.25
加：折旧	501.17	521.68	543.03	565.25	588.38
加：摊销	924.81	962.65	1002.05	1043.05	1085.74
减：资本性支出	830.67	864.66	900.04	936.87	975.21
减：营运资金增加	506.71	527.44	549.03	571.49	594.88
等于：业务单元自由现金流	5557.25	5784.67	6021.39	6267.80	6524.28
	2029 年	**2030 年**	**2031 年**	**2032 年**	**2033 年**
营业收入	33837.30	35221.98	36663.33	38163.66	46815.67
减：营业成本	18057.04	18795.97	19565.13	20365.77	24982.86
减：税金及附加	182.72	190.20	197.98	206.08	252.80
减：销售费用	2395.68	2493.72	2595.76	2701.99	3314.55
减：管理费用	4199.21	4371.05	4549.92	4736.11	5809.82
减：研发费用	1140.32	1186.98	1235.55	1286.12	1577.69
减：所得税	1179.35	1227.61	1277.85	1330.14	1631.69
等于：息前税后净利润	6682.98	6956.45	7241.14	7537.45	9246.26
加：折旧	612.46	637.52	663.61	690.76	847.36
加：摊销	1130.17	1176.41	1224.56	1274.67	1563.64
减：资本性支出	1015.12	1056.66	1099.90	1144.91	1404.47
减：营运资金增加	619.22	644.56	670.94	698.39	856.73
等于：业务单元自由现金流	6791.27	7069.16	7358.47	7659.58	9396.06

2. 数据湖运营业务单元各资产贡献

确定各资产在数据湖运营业务单元中的贡献，首先需要划分各资产是否是经营性资产。只有经营性资产和负债才对运营业务单元收入产生贡献，非经营性资产和负债并不产生贡献。预测各经营性资产不采用传统的资产负债表进行调整，而是根据各类资产占比进行反推。

（1）数据湖运营业务单元固定资产贡献

固定资产贡献主要是固定资产损耗补偿和固定资产的投资回报，其中损耗补偿使用折旧预测值测算，投资回报使用企业固定资产预测值乘以投资回报率测算。固定资产的折旧是按照固定资产的总额乘以折旧率计算出来的。根据表 6-11 的折旧预测值，可以倒推出固定资产预测值。据易华录披露信息，数据湖运营业务单元中固定资产的平均折旧率为 17.81%。选取长期企业债券利率 4.5% 作为固定资产投资回报率，固定资产贡献预测结果，如表6-12 所示。

表 6-12　2024—2033 年易华录数据湖运营业务单元固定资产贡献预测

	2024 年	2025 年	2026 年	2027 年	2028 年
折旧预测值（万元）	501.17	521.68	543.03	565.25	588.38
折旧比例（%）	17.81	17.81	17.81	17.81	17.81
经营性固定资产预测值（万元）	2813.97	2929.13	3048.99	3173.76	3303.64
固定资产投资回报率（%）	4.5	4.5	4.5	4.5	4.5
经营性固定资产投资回报（万元）	126.63	131.81	137.20	142.82	148.66
固定资产总贡献（万元）	627.80	653.49	680.23	708.07	737.04
	2029 年	2030 年	2031 年	2032 年	2033 年
折旧预测值（万元）	612.46	637.52	663.61	690.76	847.36
折旧比例（%）	17.81	17.81	17.81	17.81	17.81
经营性固定资产预测值（万元）	3438.83	3579.55	3726.03	3878.51	4757.80
固定资产投资回报率（%）	4.5	4.5	4.5	4.5	4.5
经营性固定资产投资回报（万元）	154.75	161.08	167.67	174.53	214.10
固定资产总贡献（万元）	767.20	798.60	831.28	865.30	1061.46

（2）数据湖运营业务单元流动资产贡献

根据易华录披露信息，经营性流动资产平均为经营性固定资产的 1.7812 倍。流动资产贡献是经营性流动资产与流动资产投资回报率的乘积。流动资产的流动性强，选取一年期银行贷款利率 3.45% 作为流动资产投资回报率，流动资产贡献预测结果，如表 6-13 所示。

表 6-13　2024—2033 年易华录数据湖运营业务单元流动资产贡献预测

	2024 年	2025 年	2026 年	2027 年	2028 年
经营性固定资产预测值（万元）	2813.97	2929.13	3048.99	3173.76	3303.64
经营性流动资产占比	1.7812	1.7812	1.7812	1.7812	1.7812
经营性流动资产预测值（万元）	5012.24	5217.37	5430.86	5653.10	5884.44
流动资产投资回报率（%）	3.45	3.45	3.45	3.45	3.45
流动资产贡献（万元）	172.92	180.00	187.36	195.03	203.01
	2029 年	2030 年	2031 年	2032 年	2033 年
经营性固定资产预测值（万元）	3438.83	3579.55	3726.03	3878.51	4757.80
经营性流动资产占比	1.7812	1.7812	1.7812	1.7812	1.7812
经营性流动资产预测值（万元）	6125.24	6375.89	6636.80	6908.40	8474.59
流动资产投资回报率（%）	3.45	3.45	3.45	3.45	3.45
流动资产贡献（万元）	211.32	219.97	228.97	238.34	292.37

（3）数据湖运营业务单元表内无形资产贡献

表内无形资产的贡献与固定资产类似，包括损耗补偿和投资补偿两部分。根据易华录披露信息，经营性表内无形资产平均占经营性固定资产的 8.99%。选取长期企业债券利率 4.5% 作为表内无形资产投资回报率，表内无形资产贡献预测结果，如表 6-14 所示。

表 6-14　2024—2033 年易华录数据湖运营业务单元表内无形资产贡献预测

	2024 年	2025 年	2026 年	2027 年	2028 年
表内无形资产摊销值（万元）	924.81	962.65	1002.05	1043.05	1085.74
经营性固定资产预测值（万元）	2813.97	2929.13	3048.99	3173.76	3303.64
表内无形资产占比（%）	8.99	8.99	8.99	8.99	8.99
表内无形资产预测值（万元）	252.98	263.33	274.10	285.32	297.00
表内无形资产投资回报率（%）	4.5	4.5	4.5	4.5	4.5
表内无形资产投资回报（万元）	11.38	11.85	12.33	12.84	13.36
表内无形资产总贡献（万元）	936.19	974.50	1014.38	1055.89	1099.10
	2029 年	2030 年	2031 年	2032 年	2033 年
表内无形资产摊销值（万元）	1130.17	1176.41	1224.56	1274.67	1563.64

续表

	2029 年	2030 年	2031 年	2032 年	2033 年
经营性固定资产预测值（万元）	3438. 83	3579. 55	3726. 03	3878. 51	4757. 80
表内无形资产占比（%）	8. 99	8. 99	8. 99	8. 99	8. 99
表内无形资产预测值（万元）	309. 15	321. 80	334. 97	348. 68	427. 73
表内无形资产投资回报率（%）	4. 5	4. 5	4. 5	4. 5	4. 5
表内无形资产投资回报（万元）	13. 91	14. 48	15. 07	15. 69	19. 25
表内无形资产总贡献（万元）	1144. 08	1190. 89	1239. 63	1290. 36	1582. 89

3. 数据资产分成率

数据湖运营业务单元超额收益主要是表外无形资产带来的。易华录的表外无形资产主要有数据资产、企业管理能力、品牌效应、客户关系，使用层次分析法确定数据资产的分成率。根据数据资产研究专家、资产评估实务界专家和企业数据资产管理专家的打分，使用 YAAHP 软件进行归纳统计，得到数据资产占表外无形资产权重为 0.227718，如表 6-15 所示。

表 6-15　易华录数据湖运营业务单元表外无形资产权重

表外无形资产	权重
数据资产	0. 227718
企业管理能力	0. 203171
品牌效应	0. 225780
客户关系	0. 343331

由此，得到数据资产的超额收益，如表 6-16 所示。

表 6-16　2024—2033 年易华录数据湖运营业务单元数据资产超额收益

	2024 年	2025 年	2026 年	2027 年	2028 年
业务单元超额收益（万元）	3820. 34	3976. 68	4139. 42	4308. 81	4485. 13
分成率	0. 227718	0. 227718	0. 227718	0. 227718	0. 227718
数据资产超额收益（万元）	869. 96	905. 56	942. 62	981. 19	1021. 34

	2029 年	2030 年	2031 年	2032 年	2033 年
业务单元超额收益（万元）	4668.67	4859.70	5058.59	5265.58	6459.34
分成率	0.227718	0.227718	0.227718	0.227718	0.227718
数据资产超额收益（万元）	1063.14	1106.64	1151.93	1199.07	1470.91

6.5.3 数据质量系数

数据质量系数主要与数据采集和数据治理有关。根据易华录研报、易华录年报可知，易华录专注于数据治理，参与编写多篇数据治理相关白皮书，数据治理能力十分优秀。本案例从准确性、精确性、真实性、完整性、时效性、关联性、规范性、全面性 8 个维度对易华录数据湖运营业务单元数据质量进行打分评价。每个维度打分标准为 100 分，按照实际打分和标准分做对比，再按照每个维度等权重计算数据质量系数。易华录数据湖运营业务单元数据质量评价结果，如表 6-17 所示。

表 6-17　易华录数据湖运营业务单元数据资产质量评价

	准确性	全面性	规范性	关联性	精确性	时效性	完整性	真实性
打分标准	100	100	100	100	100	100	100	100
得分情况	95	90	95	90	95	95	95	100
数据质量系数	0.94							

6.5.4 数据信息老化系数

易华录从 2017 年开始在全国布局数据湖，至评估基准日共有 7 年的数据。假设每年产生的数据是等量的，产生数据资产第 1 年的价值是相同的，评估基准日有 1/7 的 2017 年的数据，1/7 的 2018 年的数据，依此类推有 1/7 的 2023 年的数据。因此，数据湖运营业务单元产生的超额收益是这 7 年数据共同产生的，只是其中每年数据的价值流失情况不同，剩余价值情况不同。假设数据湖运营业务单元持续运营，数据湖所存储数据的生命周期为 10 年，即当年产生的数据会在 10 年后完全丧失其价值。根据上述信息老化系数公式，数据资产剩余效用价值（C）随着时间（t）的变化情况，如表 6-18 所示。

表 6-18　易华录数据湖运营业务单元数据资产剩余效用价值变化

t	1	2	3	4	5	6	7	8	9	10
C	78.34	69.13	61.01	53.84	47.51	41.93	37.00	32.66	28.82	25.43
剩余效用价值率（%）	88.25	77.88	68.73	60.65	53.53	47.24	41.69	36.79	32.47	28.65

按照易华录数据湖数据资产 10 年的生命周期，2024 年数据资产占数据湖数据资产总量的权重为 1/8，2025 年权重为 1/9，2026 年及以后由于更新速度和数据资产价值流失相抵，权重为 1/10。根据权重乘以每年数据信息老化后的效用价值率，易华录数据湖数据资产剩余效用价值率，如表 6-19 所示。

表 6-19　易华录数据湖运营业务单元数据资产剩余效用价值率

（单位:%）

	2024 年	2025 年	2026 年	2027 年	2028 年
剩余效用价值率	59.34	56.36	53.59	53.59	53.59
	2029 年	2030 年	2031 年	2032 年	2033 年
剩余效用价值率	53.59	53.59	53.59	53.59	53.59

6.5.5　数据资产折现率

1. 债权资本成本

以评估基准日央行 5 年以上的贷款利率 4.5% 作为税前债权资本成本，可得：

债权资本成本 = 4.5% × （1−15%） = 3.83%

2. 股权资本成本

使用评估基准日 10 年期国债到期收益率 2.5% 作为无风险报酬率，查阅同花顺数据库易华录的 β 系数为 0.979，查询 WIND 数据库互联网信息服务行业收益率为 10.78%，可得：

股权资本成本 = 2.5% + 0.979 × （10.78%−2.5%） = 10.61%

3. 加权平均资本成本

易华录近 5 年财务报告数据显示，负债占总资本的平均比例为 69.84%，权益占总资本的平均比例为 30.16%，可得：

加权平均资本成本 = 69.84%×3.83% + 10.61%×30.16% = 5.87%

4. 无形资产回报率

采用回报率拆分法确定无形资产回报率。根据易华录近 5 年的财务报表，流动资产、固定资产和无形资产占比分别是 66.50%、24.71%、8.79%。根据前文预测数据湖运营业务单元中各类资产的贡献，可得：

$$无形资产回报率 = \frac{5.87\% - 66.50\% \times 3.45\% - 24.71\% \times 4.5\%}{8.79\%}$$

$$= 28.03\%$$

由于无法单独分割出数据资产的折现率，本案例采用无形资产折现率作为数据资产的折现率。

6.6 评估结果分析

将上文计算得出的结果代入式（6.1）中，可得出易华录数据湖运营业务单元数据资产评估结果，如表 6-20 所示。

表 6-20 2024—2033 年易华录数据湖运营业务单元数据资产评估结果

	2024 年	2025 年	2026 年	2027 年	2028 年
数据资产超额收益（万元）	869.96	905.56	942.62	981.19	1021.34
数据质量调整系数	0.94	0.94	0.94	0.94	0.94
剩余效用价值率（%）	59.34	56.36	53.59	53.59	53.59
调整后数据资产超额收益（万元）	485.26	479.75	474.84	494.27	514.50
折现率（%）	28.03	28.03	28.03	28.03	28.03
现值（万元）	378.34	291.63	225.05	182.64	148.23
	2029 年	2030 年	2031 年	2032 年	2033 年
数据资产超额收益（万元）	1063.14	1106.64	1151.93	1199.07	1470.91
数据质量调整系数	0.94	0.94	0.94	0.94	0.94

续表

	2029 年	2030 年	2031 年	2032 年	2033 年
剩余效用价值率（%）	53. 59	53. 59	53. 59	53. 59	53. 59
调整后数据资产超额收益（万元）	535. 55	557. 47	580. 28	604. 03	740. 96
折现率（%）	28. 03	28. 03	28. 03	28. 03	28. 03
现值（万元）	120. 30	97. 63	79. 23	64. 30	61. 50
数据资产评估值（万元）	1648. 85				

　　易华录数据湖数据资产评估值为 1648. 85 万元，越接近评估时点的年份评估值越大，符合数据资产信息老化导致价值流失的规律。易华录在贵阳大数据交易中心上架的基于数据湖数据进行仿真模拟实验的数据开放实验室，利用 1 个数据湖数据进行实验的报价为 30 万元。易华录对外提供政企数字化服务的中标价格为 30 万 ~ 100 万元，截至评估基准日易华录参与运营的数据湖项目已落实 30 多个。总之，数据湖数据资产评估值符合企业数据资产的价值特性。

　　本案例引入数据质量系数和数据信息老化系数，构建了适合互联网信息服务企业数据资产价值评估的超额收益模型，评估了易华录数据湖运营业务单元数据资产价值。但是，本案例也存在一些缺陷。易华录数据资产正处于由资源化向资产化转换的阶段，数据资产构成较为复杂。数据资产的应用场景也无法到现场进行具体分析，数据资产超额收益预测采用层次分析法从表外无形资产贡献中剥离数据资产贡献时，难免存在主观性。

第7章 同花顺数据资产评估

7.1 同花顺基本情况

浙江核新同花顺网络信息股份有限公司（以下简称同花顺）成立于 2001 年，2009 年在创业板上市。同花顺属于软件与信息技术服务行业，主营互联网金融信息服务，主要通过信息技术向用户提供股票、基金等金融信息服务。同花顺产业链上游是各类信息提供商，产业链下游是各类机构与个人投资者。

软件与信息技术服务行业对经济社会发展具有重要的支撑和引领作用。互联网金融信息服务行业作为软件与信息服务行业的一个重要分支，正处于高速发展的机遇期。随着居民财富的不断增大，理财意识的不断增强，对于金融产品和金融信息需求不断增加，我国金融信息服务市场容量不断扩大，促进了金融信息服务企业的经营模式和盈利模式不断完善，形成了从数据获取、数据处理到信息智能加工整合等较为完整的产业链。同花顺作为金融信息服务行业的领先企业，不仅专营金融信息服务，业务发展也十分成熟，可以作为信息服务企业的典型代表。

7.1.1 经营状况

按主营业务分类，同花顺属于互联网金融信息服务行业。2020 年，该企业主营业务收入为 28.44 亿元，较 2019 年主营业务收入增长 63%。主营业务成本占收入比重较小，企业毛利润较高。2019 年同花顺毛利率为 89.62%，2020 年同花顺毛利率增长至 98.01%。同花顺的经营情况，如表 7-1 所示。

表 7-1 同花顺经营情况

	2020 年	2019 年
主营业务构成	互联网金融信息服务	互联网金融信息服务
主营业务收入（亿元）	28.44	17.42
收入比例（%）	100.00	100.00
主营业务成本（亿元）	0.57	1.81
成本比例（%）	100.00	100.00
主营业务利润（亿元）	27.87	15.61
利润比例（%）	100.00	100.00
毛利率（%）	98.01	89.62

根据 2020 年数据，增值电信服务为同花顺主要收入，占主营业务收入的 45.18%；广告及互联网业务推广服务占主营业务收入的 29.39%；基金销售及其他交易手续费等其他业务占主营业务收入的 16.94%；软件销售及维护占主营业务收入的 8.49%。与 2019 年相比，增值电信服务收入比重有所下降，广告及互联网业务推广服务收入比重有所上升。2020 年和 2019 年同花顺收入构成情况，如表 7-2、表 7-3 所示。

表 7-2 2020 年同花顺收入构成

	增值电信服务	广告及互联网业务推广服务	基金销售及其他交易手续费等其他业务	软件销售及维护
主营业务收入（亿元）	12.85	8.357	4.817	2.414
收入比例（%）	45.18	29.39	16.94	8.49
主营业务成本（亿元）	1.297	0.258	0.432	0.384
成本比例（%）	54.71	10.88	18.21	16.20
主营业务利润（亿元）	11.55	8.099	4.385	2.030
利润比例（%）	44.32	31.07	16.82	7.79
毛利率（%）	89.91	96.91	91.04	84.09

表 7-3　2019 年同花顺收入构成

	增值电信服务	广告及互联网业务推广服务	基金销售及其他交易手续费等其他业务	软件销售及维护
主营业务收入（亿元）	8.853	4.620	2.352	1.597
收入比例（%）	50.82	26.52	13.50	9.16
主营业务成本（亿元）	1.163	0.249	0.166	0.231
成本比例（%）	64.32	13.74	9.19	12.75
主营业务利润（亿元）	7.689	4.372	2.186	1.366
利润比例（%）	49.25	28.00	14.00	8.75
毛利率（%）	86.86	94.62	92.93	85.56

7.1.2　财务状况

1. 盈利能力

2020 年，同花顺各项盈利指标明显提高，净资产收益率从 2019 年的 24.93% 涨至 38.37%，总资产收益率从 2019 年的 19.17% 涨至 27.82%。同时，利润率也有所增加，毛利率从 2019 年的 89.62% 涨至 91.66%，净利率从 2019 年的 51.53% 涨至 60.62%。同花顺 2016—2020 年的盈利能力指标，如表 7-4 所示。

表 7-4　2016—2020 年同花顺盈利能力指标

（单位:%）

	2016 年	2017 年	2018 年	2019 年	2020 年
净资产收益率（加权）	49.61	24.68	20.23	24.93	38.37
总资产收益率（加权）	31.73	17.51	15.2	19.17	27.82
毛利率	91.80	90.00	89.47	89.62	91.66
净利率	69.89	51.48	45.71	51.53	60.62

与同行业相比，同花顺 2018—2020 年平均净资产收益率为 27.13%，远高于行业平均的 15.74% 与行业中值 10.95%。同时，同花顺 2018—2020 年平均净利率为 52.62%，也大幅高于行业平均的 18.75% 与行业中值 12.93%。同花顺盈利能力增强，且在行业中处于领先水平，如表 7-5 所示。

表 7-5　2018—2020 年同花顺盈利指标行业比较

（单位:%）

	净资产收益率			
	平均值	2018 年	2019 年	2020 年
同花顺	27.13	19.48	24.49	37.42
行业平均	15.74	16.93	16.75	13.55
行业中值	10.95	11.58	10.97	8.85
	净利率			
	平均值	2018 年	2019 年	2020 年
同花顺	52.62	45.71	51.53	60.62
行业平均	18.75	17.38	19.51	19.35
行业中值	12.93	13.15	13.96	12.99

2. 偿债能力

2020 年, 同花顺的资产负债率从 2019 年的 23.80% 上升至 26.99%, 流动比率从 2019 年的 3.72% 下降至 3.47%, 现金流量比率从 2019 年的 0.98% 上升至 1.15%。同花顺 2016—2020 年的偿债能力指标, 如表 7-6 所示。

表 7-6　2016—2020 年同花顺偿债能力指标

（单位:%）

	2016 年	2017 年	2018 年	2019 年	2020 年
资产负债率	27.60	24.74	19.15	23.80	26.99
流动比率	3.19	3.61	4.58	3.72	3.47
现金流量比率	0.76	0.56	0.67	0.98	1.15

3. 营运能力

2020 年, 同花顺总资产周转率从 2019 年的 37.20 次提高至 45.90 次, 应收账款周转率从 2019 年的 107.50 次下降至 89.70 次。同花顺 2016—2020 年的营运能力指标, 如表 7-7 所示。

表 7-7　2016—2020 年同花顺营运能力指标

（单位：次）

营运能力指标	2016 年	2017 年	2018 年	2019 年	2020 年
总资产周转率	45.40	34.00	33.25	37.20	45.90
应收账款周转率	152.80	128.80	112.80	107.50	89.70

与同行业相比，同花顺 2018—2020 年平均总资产周转率为 38.78 次，远低于行业平均的 63.23 次和行业中值 53.57 次。具体情况，如表 7-8 所示。

表 7-8　2018—2020 年同花顺总资产周转率行业比较

（单位：次）

	平均值	2018 年	2019 年	2020 年
同花顺	38.78	33.25	37.20	45.90
行业平均	63.23	69.11	64.95	55.63
行业中值	53.57	58.48	54.69	47.54

4. 发展能力

同花顺未来发展战略的核心在于继续加强金融信息服务业的发展，提高服务质量，通过进一步研发创新，提升企业的技术优势。同时，发展人工智能产品的应用，打造金融理财智能服务平台，并加强企业品牌建设。同花顺未来发展面临金融行业监管越来越严格，互联网金融信息服务业竞争日趋激烈，金融领域技术迭代速度加快，数据安全存在隐患等风险。

7.2　评估基本要素

7.2.1　评估对象与评估范围

本案例的评估对象为同花顺的全部数据资产，评估范围为同花顺全部的数据库资源，以及由庞大客户资源产生的大数据资源。

7.2.2　评估目的与价值类型

本案例的评估目的是评估同花顺全部数据资产在评估基准日 2020 年 12

月 31 日的市场价值，为数据资产的交易和流通提供价值参考。价值类型为市场价值，是自愿买方和自愿卖方，在各自理性行事且未受任何强迫的情况下，评估对象在评估基准日进行正常公平交易的价值估计数额。

7.2.3 评估假设与评估方法

本案例在进行数据资产价值评估时，基于资产评估的基本假设，即交易假设、公开市场假设和最佳使用假设。假设数据资产处于市场交易过程中，数据资产可以在充分竞争的市场上自由买卖，数据资产的用途为最佳使用方式。企业所处的外部宏观环境、中观产业政策，以及微观经营管理策略等，都不发生重大改变。结合同花顺数据资产的特点，本案例选择多期超额收益法进行评估。

7.3 评估模型构建

7.3.1 基本思路

多期超额收益法是通过预测数据资产在未来一定时期所产生的超额收益，并将其折现来估算数据资产价值的评估方法。采用多期超额收益法评估同花顺数据资产价值的基本思路是，识别数据资产运用于企业的商业模式，获得数据资产与其他资产共同产生的现金流，然后剥离数据资产以外的其他资产的贡献额，得到数据资产的超额收益。在此基础上，合理选择数据资产折现率与收益期，得到数据资产的价值。

7.3.2 具体模型

本案例基于多期超额收益法构建评估模型，具体计算公式为：

$$V = \sum_{i=1}^{n} \frac{FCFF_i - wcp_i - fa_i - e_i}{(1+r)^i} \qquad 式（7.1）$$

式中，V 为数据资产价值；$FCFF_i$ 为第 i 年企业自由现金流；wcp_i 为第 i 年流动资产贡献额；fa_i 为第 i 年固定资产贡献额；e_i 为第 i 年其他无形资产贡献额；r 为数据资产折现率；n 为收益期限。

7.3.3 参数确定

1. 数据资产超额收益

数据资产的超额收益等于企业自由现金流,扣除流动资产、固定资产、其他无形资产的贡献额。因此,要确定数据资产的超额收益,就要分别对企业自由现金流、流动资产贡献额、固定资产贡献额、其他无形资产贡献额进行测算。

（1）基于灰色预测法预测企业自由现金流

企业自由现金流的预测一般基于企业营业收入的预测,采用销售百分比法对成本、费用等指标进行预测。对于营业收入的预测主要采取定量的方法,如线性或非线性回归法、时间序列法和灰色预测法。线性或非线性回归法是将时间作为自变量,营业收入作为因变量,探求两者之间回归关系的方法。通过营业收入走势,选择符合走势的回归公式进行预测。时间序列法主要有平均预测法和指数平滑预测法。企业营业收入的预测一般基于近 5 年的数据进行预测。这时采用时间序列法或回归法进行预测,可能存在较大偏差。而灰色预测法不受样本数量的影响,更适合小样本数据的预测。因此,本案例选择灰色预测法,通过 GM（1,1）模型进行预测。灰色预测法具体操作步骤如 4.6.1 节所述,此处不再赘述。

（2）各类资产贡献

企业各类资产包括企业的流动资产、固定资产、表内无形资产和数据资产以外的表外无形资产。从企业整体现金流中分离出数据资产贡献,需要分离出流动资产、固定资产、表内无形资产以及数据资产以外的表外无形资产对企业的贡献。

流动资产贡献等于流动资产价值乘以流动资产回报率。根据流动资产的特点,流动资产回报率一般可以采用一年期银行贷款利率。流动资产贡献的计算公式为:

$$流动资产的贡献 = 流动资产价值 \times 流动资产回报率 \qquad 式（7.2）$$

固定资产贡献由固定资产损耗补偿和固定资产投资回报两部分组成。固定资产损耗补偿是企业在日常生产经营中所耗损资产的补偿,等于固定资产价值乘以固定资产折旧率。固定资产投资回报可以按照固定资产公允价值乘以固定资产投资回报率确定。固定资产贡献的计算公式为：

固定资产的贡献＝固定资产损耗补偿＋固定资产投资回报　　式（7.3）

其中，

固定资产损耗补偿＝固定资产价值×固定资产折旧率　　式（7.4）

固定资产投资回报＝固定资产价值×固定资产投资回报率　式（7.5）

其他无形资产贡献主要指除数据资产以外的无形资产贡献。其他无形资产贡献包括表内无形资产贡献和表外无形资产贡献。表内无形资产即列示于资产负债表内的无形资产，包括土地使用权、专利资产等。表内无形资产贡献可以参照固定资产贡献的计算方法，包括表内无形资产损耗补偿和表内无形资产投资回报。具体计算公式为：

表内无形资产的贡献＝表内无形资产损耗补偿＋表内无形资产投资回报

式（7.6）

其中，

表内无形资产损耗补偿＝表内无形资产价值×表内无形资产摊销率

式（7.7）

表内无形资产投资回报＝表内无形资产价值×表内无形资产投资回报率

式（7.8）

表外无形资产一般包括企业自创的无形资产、企业人力资源等。表外无形资产贡献的测算比较复杂，具体可以根据企业所存在的表外无形资产的具体类型，采用对应的评估方法进行测算。

2. 数据资产折现率

数据资产作为企业整体的一部分，很难直接测算其回报率。因此，采用无形资产的折现率作为数据资产的折现率。无形资产的折现率通常根据 *WACC* 倒算的方式，即回报率拆分法进行测算。回报率拆分法的核心在于分析企业的利润来源。如前所述，企业资产包括固定资产、流动资产和无形资产，将回报率拆分成固定资产回报率、流动资产回报率和无形资产回报率。因此，无形资产回报率的计算公式为：

$$R_i = \frac{\text{全部资产市场价值}}{\text{无形资产市场价值}}\left(WACC - R_c\frac{\text{流动资产市场价值}}{\text{全部资产市场价值}} - R_f\frac{\text{固定资产市场价值}}{\text{全部资产市场价值}}\right)$$

式（7.9）

式中，R_i 为无形资产回报率；R_c 为流动资产回报率；R_f 为固定资产回报率。

全部资产市场价值可以采用股权价值（EV）与债权价值（DV）之和来表示。其中，企业股权价值可以根据企业股票市场的表现来确认。具体计算公式为：

$$EV = \text{企业流通股股数×评估基准日企业股票收盘价}+$$

$$\text{企业限售股股数×评估基准日企业股票收盘价×}(1-\text{流动性折扣率})$$

式（7.10）

其中，

$$WACC = R_e\frac{E}{D+E} + R_d(1-T)\frac{D}{D+E}$$

式（7.11）

式中，$WACC$ 为企业加权平均资本成本；D 为债权价值；E 为股权价值；T 为企业所得税税率；R_d 为债权资本成本；R_e 为股权资本成本。

股权资本成本一般采用经典的资本资产定价模型（简称 CAPM），具体计算公式为：

$$R_e = R_f + \beta \times (R_m - R_f) + R_s$$

式（7.12）

式中，R_f 为无风险利率；β 为企业风险系数；R_m 为市场收益率；R_s 为企业特有风险溢价。

3. 数据资产收益期

采用多期超额收益法评估无形资产价值时，将无形资产具有的超额收益能力的期限确定为无形资产的期限。数据资产不同于专利权，无法通过法律条文或者相关合同确定收益期。因此，需要合理考虑数据资产给企业带来经济效益的期限，作为数据资产的收益期。理论上，数据资产存在于企业经营的整个过程，但评估企业在一个时点的数据资产价值，数据本身也具有时效性，现有数据资产的收益期应该是有限期的。

数据资产的形成离不开数据资产化工具的发展，数据资产化工具包括将元数据进行采集、储存、处理到实现数据资产应用全过程所需要的工具。数据资产化过程可以分为数据采集、数据储存、数据分析与可视化、数据融合与决策四个阶段，每个阶段所需的技术会随着时代的发展而更新，所需的技术环境发展周期一般在 10 年左右。因此，根据现代科技发展规律和数据资产化工具的发展历程，本案例确定数据资产的收益期为 10 年。

7.4　评估过程

7.4.1　数据资产收益期

数据资产收益期是数据资产能够发挥作用并能够带来经济收益的期限。同花顺早期通过互联网积累了庞大的用户基础、相关用户数据和金融数据资源，在此基础上开始发展互联网金融信息的商业服务，有效利用了数据资产。目前，我国互联网行业已经形成较大的规模，根据同花顺的往期经营数据并结合行业发展状况初步判断，同花顺已经进入经营稳定期，预计未来数据资产的积累速度逐步放缓，趋于稳定。数据资产具有累积性，需要不断更新、补充，这不仅能够持续产生价值，而且其效用与信息传播的速度类似，呈现指数增长态势。

根据同花顺企业数据资产的利用、积累程度，假设同花顺未来数据资产积累与更新保持稳定水平，同时企业营销和服务能够保持用户黏性。本案例将同花顺数据资产未来收益期分为两个阶段，即 2021—2025 年的预测期和 2026—2030 年的稳定期。

7.4.2　数据资产折现率

1. 加权平均资本成本

（1）股权资本成本

根据 CAPM 模型，股权资本成本的计算涉及无风险利率（R_f）、市场风险溢价（$R_m - R_f$）、β 值以及特有风险溢价（R_s）。国债收益率通常被认为是没有风险的，可以采用国债收益率作为无风险利率。根据国债到期收益率曲线，2020 年 12 月十年期国债的平均到期收益率为 3. 24%。

对于市场风险溢价，可以从市场回报率的角度进行测算。根据 2011—2020 年的市场数据，可以得到平均市场收益率，如表 7-9 所示。

表 7-9　2011—2020 年平均市场收益率

（单位:%）

<table>
<tr><th>2011 年</th><th>2012 年</th><th>2013 年</th><th>2014 年</th><th>2015 年</th><th>平均值</th></tr>
<tr><td>-23. 10</td><td>5. 20</td><td>0. 79</td><td>52. 27</td><td>23. 29</td><td rowspan="4">7. 7</td></tr>
<tr><td>2016 年</td><td>2017 年</td><td>2018 年</td><td>2019 年</td><td>2020 年</td></tr>
<tr><td>-11. 46</td><td>6. 43</td><td>-25. 89</td><td>28. 67</td><td>20. 76</td></tr>
</table>

资本资产定价模型基于组合回报率，不能体现单个公司的回报率水平，应该在模型中考虑公司特有的风险溢价。公司规模、经营管理等都对风险溢价有较大影响。同花顺是一家资产规模超 10 亿元的大型公司，经营管理能力较强。因此，同花顺面临的特有风险较小，选择 1. 5% 反映公司特有风险溢价。

通过查询 RESSTS 数据库，同花顺在 2020 年的 β 值为 1. 4389。根据式（7. 12），得到同花顺的股权资本成本为 11. 16%，如表 7-10 所示。

表 7-10　同花顺股权资本成本

R_f	β	R_m-R_f	R_s	R_e
3. 24%	1. 4389	4. 46%	1. 5%	11. 16%

（2）债权资本成本

债权资本成本是债权投资者期望的投资回报率。不同债权人对于投资回报率的要求不同。企业的偿债能力越弱，债权人要求的投资回报率越高。在最优资本结构下，企业拥有最优的债权投资回报率。因此，选用 5 年期 LPR 即 4. 65% 作为债权投资回报率。同花顺为高新技术企业，企业所得税税率为 15%。债权资本成本产生的税盾效应为 15%。

通过股权资本成本和债权资本成本，以及同花顺的资本结构，根据式（7. 11）计算可得同花顺加权平均资本成本为 9. 21%，如表 7-11 所示。

表 7-11　同花顺加权平均资本成本

债权结构	股权结构	T	WACC
26.99%	73.01%	15%	9.21%

2. 流动资产回报率和固定资产回报率

流动资产是企业资产中流动性很强的资产，可以选择一年期银行贷款利率 4.35% 作为流动资产回报率。

同花顺涉及的固定资产折旧包括房屋及建筑物、通信设备和运输设备及其他，具体折旧政策，如表 7-12 所示。同花顺大部分固定资产的折旧年限在 5 年左右。因此，选择 5 年期银行贷款利率 4.9% 作为固定资产回报率。

表 7-12　同花顺折旧政策

	折旧方法	残值率（%）	年折旧率（%）	折旧年限
房屋及建筑物	年限平均法	3	4.85	20
通信设备	年限平均法	3	19.40~32.33	3~5
运输设备及其他	年限平均法	3	19.40	5

3. 无形资产折现率

无形资产市场价值等于全部市场价值减去固定资产与流动资产的市场价值。根据同花顺数据，可以得到流动资产、固定资产、无形资产占比分别为 11.12%、1.70% 和 87.18%。根据式（7.9），可以得出同花顺无形资产回报率即无形资产折现率为：

$$R_i = \frac{9.21\% - 11.12\% \times 4.35\% - 1.7\% \times 4.9\%}{87.18\%} = 9.91\%$$

7.4.3　数据资产超额收益

1. 企业自由现金流预测

（1）营业收入

根据同花顺 2016—2020 年利润表中营业收入数据，运用灰色预测模型对营业收入进行预测。具体预测结果，如表 7-13 所示。

表 7-13　2021—2025 年与稳定期同花顺营业收入预测

	2021 年	2022 年	2023 年	2024 年	2025 年	稳定期
营业收入（百万元）	3458.44	4585.46	5876.39	7725.93	9880.24	9880.24

（2）成本与费用

采用销售百分比法对成本与费用进行预测。同花顺 2016—2020 年的营业成本、税金及附加、销售费用、管理费用、研发费用占营业收入的比例除个别年份外，总体趋势平稳。因此，在剔除个别极端年份数据的基础上，采用 5 年平均值作为预测的依据。未来营业成本、税金及附加、销售费用、管理费用、研发费用占营业收入的比例分别为 9.49%、1.35%、9.32%、6.41%、25.13%，如表 7-14 所示。

表 7-14　2016—2020 年同花顺成本与费用占营业收入比

（单位:%）

	2016 年	2017 年	2018 年	2019 年	2020 年	预测期
营业成本	8.20	10.00	10.53	10.38	8.33	9.49
税金及附加	1.37	1.49	1.47	1.49	0.91	1.35
销售费用	5.59	8.77	10.68	11.44	10.13	9.32
管理费用	6.41	7.89	7.61	6.04	4.10	6.41
研发费用	—	24.70	28.56	26.69	20.58	25.13

（3）所得税

同花顺多家子公司属于高新技术企业，按照 15% 计算企业所得税，而子公司猎金信息公司、智富软件公司、智能科技公司通过软件和集成电路企业核查，获得免征所得税或者减半征收所得税优惠。因此，采用统一税率计算所得税并不合理，也采用所得税占营业收入的比例进行预测。2016—2020 年所得税占营业收入比重分别为 6.25%、5.71%、3.52%、3.19%、3.18%，比率变化较为平稳。因此，采用 5 年平均值 4.37% 作为预测所得税的依据，如表 7-15 所示。

表 7-15　2021—2025 年与稳定期同花顺所得税预测

	2021 年	2022 年	2023 年	2024 年	2025 年	稳定期
所得税（百万元）	151.13	200.38	256.80	337.62	431.77	431.77

（4）折旧与摊销

根据同花顺 2016—2020 年折旧与摊销占营业收入比例的平均值 2.31%，预测折旧与摊销，如表 7-16 所示。

表 7-16　2021—2025 年与稳定期同花顺折旧与摊销预测

	2021 年	2022 年	2023 年	2024 年	2025 年	稳定期
折旧与摊销（百万元）	79.89	105.92	135.74	178.47	228.23	228.23

（5）资本性支出

资本性支出为购建固定资产、无形资产、其他长期资产等所支付的现金减去处置这些资产收回现金的净额。根据同花顺 2016—2020 年资本性支出占营业收入比例的平均值 6.87%，预测资本性支出，如表 7-17 所示。

表 7-17　2021—2025 年与稳定期同花顺资本性支出预测

	2021 年	2022 年	2023 年	2024 年	2025 年	稳定期
资本性支出（百万元）	237.59	315.02	403.71	530.77	678.77	678.77

（6）营运资金增加

营运资金是企业流动资产减去流动负债后的净额。营运资金的测算主要考虑经营性应收项目和经营性应付项目。同花顺 2016—2018 年经营性应收项目减少和经营性应付项目增加的合计额为负值，2019—2020 年经营性应收项目减少与经营性应付项目增加的合计额为正值，如表 7-18 所示。

表 7-18　2016—2020 年同花顺营运资金

	2016 年	2017 年	2018 年	2019 年	2020 年
经营性应收项目减少（百万元）	57.73	2.73	22.13	-163.60	-403.80
经营性应付项目增加（百万元）	-270.40	-138.20	-174.30	462.20	715.00

续表

	2016 年	2017 年	2018 年	2019 年	2020 年
合计（百万元）	−212.67	−135.47	−152.17	298.60	311.20
占营业收入比（%）	−12.26	−9.61	−10.97	17.14	10.94

因此，根据 2016—2020 年的平均值−0.95%，预测营运资金增加，如表 7-19 所示。

表 7-19　2021—2025 年与稳定期同花顺营运资金增加预测

	2021 年	2022 年	2023 年	2024 年	2025 年	稳定期
营运资金增加（百万元）	−32.92	−43.65	−55.94	−73.55	−94.06	−94.06

进而，对企业自由现金流运算所需的各项预测数据进行汇总，得到同花顺企业自由现金流的预测结果，如表 7-20 所示。

表 7-20　2021—2025 年与稳定期同花顺企业自由现金流预测

（单位：百万元）

	2021 年	2022 年	2023 年	2024 年	2025 年	稳定期
营业收入	3458.44	4585.46	5876.39	7725.93	9880.24	9880.24
减：营业成本	328.21	435.16	557.67	733.19	937.63	937.63
减：税金及附加	46.69	61.90	79.33	104.30	133.38	133.38
减：销售费用	322.33	427.36	547.68	720.06	920.84	920.84
减：管理费用	221.69	293.93	376.80	495.23	633.32	633.32
减：研发费用	869.11	1152.33	1476.74	1941.53	2482.90	2482.90
减：所得税	151.13	200.38	256.80	337.62	431.77	431.77
等于：息前税后净利润	1519.28	2014.40	2581.37	3394.00	4340.40	4340.40
加：折旧与摊销	79.89	105.92	135.74	178.47	228.23	228.23
减：资本性支出	237.59	315.02	403.71	530.77	678.77	678.77
减：营运资金增加	−32.92	−43.65	−55.94	−73.55	−94.06	−94.06
等于：企业自由现金流	1394.50	1848.95	2369.34	3115.25	3983.92	3983.92

2. 各项资产贡献预测

（1）流动资产贡献

采用流动资产占总资产的百分比，对流动资产进行预测。同花顺 2016—2020 年流动资产占总资产的比例趋势平稳，采用 5 年平均值 87.66% 作为预测的依据，如表 7-21 所示。

表 7-21　2016—2020 年同花顺流动资产占总资产比

	2016 年	2017 年	2018 年	2019 年	2020 年
流动资产（亿元）	35.60	37.44	35.99	46.18	62.09
总资产（亿元）	40.79	42.11	41.31	52.36	71.56
流动资产占总资产的比例（%）	87.28	88.91	87.12	88.20	86.77

通过灰色预测模型对同花顺 2021—2025 年的总资产进行预测，并选择一年期贷款利率 4.35% 作为流动资产回报率，可以得到 2021—2025 年流动资产对企业的贡献，如表 7-22 所示。

表 7-22　2021—2025 年与稳定期同花顺流动资产贡献预测

	2021 年	2022 年	2023 年	2024 年	2025 年	稳定期
总资产（百万元）	8358.66	10170.75	12458.27	15081.80	18427.14	18427.14
流动资产占总资产的比例（%）	87.66	87.66	87.66	87.66	87.66	87.66
流动资产（百万元）	7327.20	8915.68	10920.92	13220.71	16153.23	16153.23
流动资产回报率（%）	4.35	4.35	4.35	4.35	4.35	4.35
流动资产贡献（百万元）	318.73	387.83	475.06	575.10	702.67	702.67

（2）固定资产贡献

固定资产贡献包括固定资产折旧补偿额和固定资产投资回报。根据同花顺 2016—2020 年固定资产折旧占营业收入比例的平均值 1.71%，预测 2021—2025 年固定资产折旧补偿额。按照固定资产公允价值乘以固定资产投资回报率预测固定资产投资回报。其中，固定资产投资回报率按 5 年期银行贷款利率 4.90%。固定资产贡献预测值，如表 7-23 所示。

表 7-23　2021—2025 年与稳定期同花顺固定资产贡献预测

	2021 年	2022 年	2023 年	2024 年	2025 年	稳定期
固定资产折旧补偿率（%）	1.71	1.71	1.71	1.71	1.71	1.71
固定资产折旧补偿（百万元）	59.14	78.41	100.49	131.11	168.95	168.95
固定资产预测值（百万元）	458.69	482.98	508.55	535.45	563.77	563.77
固定资产投资回报率（%）	4.90	4.90	4.90	4.90	4.90	4.90
固定资产投资回报（百万元）	22.48	23.67	24.92	26.24	27.62	27.62
固定资产总贡献（百万元）	81.62	102.08	125.41	158.35	196.58	196.58

（3）表内无形资产贡献

表内无形资产贡献包括无形资产摊销补偿和无形资产投资回报。同花顺拥有的表内无形资产比较单一，仅包括土地使用权。根据同花顺 2016—2020 年历史数据，无形资产摊销额较小，因此不考虑无形资产摊销补偿。表内无形资产贡献只考虑其投资回报部分，如表 7-24 所示。

表 7-24　2021—2025 年与稳定期同花顺表内无形资产贡献预测

	2021 年	2022 年	2023 年	2024 年	2025 年	稳定期
表内无形资产（百万元）	417.93	508.54	622.91	754.09	921.36	921.36
无形资产投资回报率（%）	9.91	9.91	9.91	9.91	9.91	9.91
表内无形资产贡献（百万元）	41.42	50.40	61.73	74.73	91.31	91.31

（4）表外无形资产贡献

同花顺表外无形资产主要包括软件著作权、非专利技术和人力资源。截至 2020 年 12 月 31 日，同花顺累计获得自主研发的软件著作权 315 项，非专利技术 131 项，形成了明显的技术领先优势。按照同花顺营业收入的分类，将软件销售及维护收益作为软件著作权和非专利技术收益。2016—2020 年软件销售及维护收益占营业收入的比例分别为 5.93%、9.06%、8.74%、7.84% 和 7.17%，采用 5 年平均值 7.75% 作为预测的依据，如表 7-25 所示。

表 7-25　2021—2025 年与稳定期同花顺专业技术与著作权贡献预测

（单位：百万元）

	2021 年	2022 年	2023 年	2024 年	2025 年	稳定期
营业收入	3458.44	4585.46	5876.39	7725.93	9880.24	9880.24
软件销售及维护	268.03	355.37	455.42	598.76	765.72	765.72

根据《国家中长期人才发展规划纲要（2010—2020 年）》，我国人才发展的战略目标为，到 2020 年我国人力资本投资占国内生产总值比例达到 15%，人力资本对经济增长贡献率达到 33%，人才贡献率达到 35%。同花顺属于高新技术企业，人力资源贡献较大。因此，采用 35% 作为同花顺人力资源的贡献比率。人力资源贡献预测，如表 7-26 所示。

表 7-26　2021—2025 年与稳定期同花顺人力资源贡献预测

	2021 年	2022 年	2023 年	2024 年	2025 年	稳定期
人力资源贡献（百万元）	488.08	647.13	829.32	1090.34	1394.37	1394.37

7.5　评估结果分析

将数据资产作为有限期的无形资产进行评估，需要考虑随着时间的推移数据资产有效性的降低，即数据资产贡献的衰减。因此，需要对数据资产的超额收益进行调整。假设数据资产贡献逐年衰减 10%。同花顺数据资产评估结果，如表 7-27 所示。

表 7-27　同花顺数据资产评估结果

	2021 年	2022 年	2023 年	2024 年	2025 年
数据资产超额收益（百万元）	196.62	306.14	422.40	617.97	833.27
数据资产贡献衰减（%）	100	90	80	70	60
折现率（%）	9.91	9.91	9.91	9.91	9.91
现值（百万元）	178.89	228.08	254.51	296.43	311.71

	2026 年	2027 年	2028 年	2029 年	2030 年
数据资产超额收益（百万元）	833.27	833.27	833.27	833.27	833.27
数据资产贡献衰减（%）	50	40	30	20	10
折现率（%）	9.91	9.91	9.91	9.91	9.91
现值（百万元）	236.34	172.02	117.38	71.20	32.39
数据资产评估值（百万元）	1898.95				

　　本案例采用多期超额收益法评估同花顺的数据资产价值，能够提供一种基于未来收益预期的评估途径。但是，本案例也存在一些缺陷。首先，多期超额收益法依赖未来现金流的准确预测，而数据资产的收益往往受到市场波动和技术变革的强烈影响。其次，数据资产的回报周期和风险特征可能与传统资产不同，确定合适的折现率很难，用无形资产折现率作为数据资产折现率可能存在偏差。最后，数据资产的时效性很强，其价值可能会随时间迅速变化，而多期超额收益法可能无法充分反映这种快速的价值波动。

第8章　中国联通数据资产评估

8.1　中国联通基本情况

　　中国联通作为国内最大的通信运营企业之一，其业务不仅遍及国内，还成功拓展至国际市场，为中国经济建设提供全方位服务。作为通信行业先驱，中国联通率先实施数据集中和统一运营策略，拥有高价值的运营商数据资源。截至2023年，中国联通的大联接用户数量持续增长，并凭借其自主研发能力，成功塑造了"安全数智云"的品牌形象。在大数据服务领域，中国联通的市场占有率稳居50%以上，其5G技术的应用项目已超过2万个，覆盖国民经济的主要行业。目前，中国联通已经构建了一个全面的业务和组织结构，包括个人移动通信服务、家庭固网和信息化服务，以及面向政府、企业的通信和信息化服务。

　　在经济和社会数字化转型的关键时刻，中国联通紧抓机遇，积极推动技术创新、产业赋能和生态共建，为数字经济发展注入了新的活力。中国联通在联通云、物联网、大数据以及数字化应用等创新业务领域实现了快速增长。2020—2021年，中国联通的数据服务业务收入年增长率保持在50%以上。中国联通的具体业务包括：

　　第一，云业务。作为国家级计算团队和数字转型的动力源泉，中国联通的云服务业务为建立数字政府和智慧城市提供了可靠的技术支持。此外，中国联通还积极参与中央企业的数字化转型，云业务实现了持续且健康的增长。

　　第二，物联网业务。中国联通正在加快推动人机和物联网的普及，专注于工业互联网、智慧城市和生态环保等关键领域，并提供了一系列的行业解决方案。公司已建设了超过 115 万个 5G 中频基站，物联网率先实现"物超人"，物联网终端联接累计达 4.43 亿户。

第三，大数据业务。中国联通致力于挖掘数据的核心价值，并在数字政府、数字金融、智能文化旅游、工业互联网等多个领域进行深度发展。经过多年的快速发展，中国联通的数据业务已成为推动集团整体转型升级的关键力量。通过满足多样化场景的需求和丰富关键行业的应用，中国联通为数字社会的建设和实体经济的增长提供了强有力的支持。中国联通推出了包括宽带网络、手机终端、视频监控、移动支付和物联网在内的多项创新产品。

第四，数字化应用。在数字化应用领域，中国联通专注于特定垂直市场，大力提升专业能力和创新性，5G 虚拟专网服务已拥有 6897 个客户。在个人数字化生活和智慧居家方面，中国联通的付费会员数量已接近 2 亿。

8.2　评估基本要素

8.2.1　评估对象与评估范围

本案例的评估对象和评估范围为中国联通拥有或控制的全部数据资产。

8.2.2　评估目的与价值类型

本案例的评估目的是评估中国联通全部数据资产在评估基准日 2022 年 12 月 31 日的市场价值，为数据资产的交易和流通提供价值参考依据。价值类型为市场价值，是自愿买方和自愿卖方，在各自理性行事且未受任何强迫的情况下，评估对象在评估基准日进行正常公平交易的价值估计数额。

8.2.3　评估假设与评估方法

本案例评估基于以下前提假设进行：中国联通所拥有的数据资产处于一个完全透明且交易不受限制的市场环境中，中国联通在预期的盈利周期内持续运营并利用数据资产进行其业务活动，中国联通能持续获得未来现金流，评估过程中所使用的相关利率和企业所得税税率保持稳定，预测期内没有其他不可预测或不可控制的因素会对中国联通产生重大负面影响。结合中国联通数据资产的特点，本案例选择多期超额收益法进行评估。

8.3　评估模型构建

8.3.1　基本思路

本案例采用多期超额收益法评估中国联通数据资产价值的基本思路是，预测包括数据资产在内的资产组（CGU）的整体收益，并将其他资产贡献减除，从而确定数据资产的超额收益。如果数据资产未来需要更新或补充，还将再扣减必要的资本性支出，将该差额作为数据资产的超额收益。然后采取合适的折现率进行折现，初步确定数据资产价值。最后通过和同行业其他企业进行比较，利用层次分析法和模糊综合评价法计算修正系数，对初步确定的数据资产价值进行修正，获得最终数据资产评估结果。

8.3.2　具体模型

本案例基于多期超额收益法构建评估模型，具体计算公式为：

$$DAV = \Big[\sum_{t=1}^{n} \frac{(E - E_f - E_w - E_i - CapEx)}{(1+r)^t} \Big] \times K \qquad 式（8.1）$$

式中，DAV 为数据资产的价值；E 为包含数据资产的资产组（CGU）的整体收益；E_f 为企业固定资产贡献；E_w 为企业流动资产贡献；E_i 为除数据资产外的其他无形资产贡献；$CapEx$ 为数据资产未来更新、补充需要的资本性支出；r 为数据资产的折现率；n 为数据资产的收益期；K 为数据资产价值的修正系数。

8.3.3　参数确定

1. 资产组整体收益

包含数据资产的资产组（CGU）的整体收益，需要采用全投资口径的收益指标计量，不能采用股权口径收益指标。在企业价值评估时，通常将投资者视为一个整体，包括股权投资者和债权投资者。这时无须区分具体的投资者类型，而是将他们视为一个共同体，共同承担企业持续经营所需的投资。这意味着，为维持企业运营所需的营运资金增加和资本性支出都应在现金流计算中予以扣除，由全部投资者共同承担。然而，在采用多期超额收益法评估标的无形资产时，需要区分不同类型资产的投资者，如流动资产投资者、固定资产投资者和标的无形资产投资者等。而且，每种类型的投资者都需承担与其资产相关的特定投资部分，即流动资产投资者要分摊营运资金的增加，固定资产投资者要分摊固定资产的资本性支出，而标的无形资产投资者要承担无形资产需要的资本性支出。通过这种区分，可以更精确地评估各类资产对企业价值的贡献，以确保评估结果的准确性和公正性。

在传统的企业价值评估中，息税折旧摊销前利润（EBITDA）常被用作关键的财务指标，并在此基础上减去资本性支出和营运资金增加。然而，这种处理方式并不总是恰当的。实际上，在确定无形资产的收益时，通常不需要考虑营运资金的增加和资本性支出。原因在于营运资金的增加将由营运资金出资人出资，而非标的无形资产出资人出资；固定资产的资本性支出由固定资产的出资人出资，而非标的无形资产出资人出资。因此，在计算无形资产收益时，不需要考虑资本性支出和营运资金增加。当然，也存在例外情况。当标的无形资产需要进行更新或改造时，其资本性支出也需要被考虑，并予以扣除。本案例选用税前收益指标，息税折旧摊销前利润的具体计算公式为：

$$息税折旧摊销前利润 = 营业收入 - 营业成本 - 税金及附加 -$$
$$销售费用 - 管理费用 - 研发费用 + 折旧与摊销$$

式（8.2）

息税折旧摊销前利润一般是基于营业收入的预测，其他相关成本费用等参数以营业收入预测为基准，采用销售百分比法确定。本案例采用灰色预测法预测营业收入，灰色预测法具体操作步骤如4.6.1节所述，此处不再赘述。

2. 各类资产贡献

（1）固定资产贡献

固定资产的"贡献"是以所有权方式体现的。固定资产投资者所做的贡献主要包括固定资产损耗补偿和固定资产投资回报。具体计算公式为：

$$固定资产贡献 = 固定资产损耗补偿 + 固定资产投资回报 \quad 式（8.3）$$

固定资产损耗补偿等于固定资产价值乘以固定资产折旧率。企业可能选择不同的折旧方法，本案例可以基于过去5年的平均折旧率来计算。

固定资产投资回报是为了扩大生产规模或进行更新改造所需的额外固定

资产投资，不直接从资产组整体收益中以"资本性支出"扣除，而是通过增加固定资产投资来提升固定资产投资回报。具体来说，固定资产投资回报的计算方法是将固定资产年均余额乘以税前固定资产投资回报率。其中，固定资产年均余额是指企业年初与年末固定资产余额的平均值。

在企业的固定资产投资中，通常会结合部分自有资金和银行的借款。因此，税前投资回报率可以基于中国联通在投资过程中的实际份额来确定。固定资产税前投资回报率的具体计算公式为：

$$R_f = \frac{R_e}{1-T} \times \frac{E}{D+E} + R_d \times \frac{D}{D+E} \qquad 式（8.4）$$

式中，R_f 为固定资产税前投资回报率；R_e 为税后股权回报率；E 为股东权益；D 为债权权益；T 为企业所得税税率；R_d 为贷款利率，可以选取 5 年期 LPR 利率。

（2）流动资产贡献

流动资产贡献通常无须考虑流动资产的损耗，只需要关注其投资回报率。流动资产的贡献通过流动资产年均余额乘以流动资产回报率来计算。流动资产回报率通常选取一年期银行贷款利率。具体计算公式为：

$$流动资产贡献 = 流动资产年均余额 \times 流动资产投资回报率 \qquad 式（8.5）$$

（3）其他无形资产贡献

其他无形资产包括表内无形资产以及表外无形资产。表内无形资产贡献主要由表内无形资产损耗补偿和表内无形资产投资回报两部分构成。表外无形资产主要包括组合劳动力。组合劳动力由劳动力的招募成本和培训成本两部分构成。一般来说，组合劳动力可以按照公认的经验数据估算，即相当于企业员工两个月的薪酬。表内无形资产的投资回报率，通常参考 5 年期银行贷款利率。其他无形资产贡献的具体计算公式为：

$$其他无形资产贡献值 = 表内无形资产损耗补偿 + 表内无形资产投资回报 +$$
$$表外其他无形资产贡献$$

$$式（8.6）$$

3. 数据资产资本性支出

在计算资产组整体收益时，通常无须单独扣除资本支出和营运资金的增加。但如果标的数据资产未来需更新或补充资本支出，则必须对此进行相应的扣减。本案例评估的数据资产属于"数据源资产"，并且是基于用户收集的，这些数据资产需要定期维护以保持其价值和相关性。因此，在数据资产评估过程中，可能涉及大量的资本性支出。本案例采用简化的计算方法，将数据资产超额收益的 2% 作为预估的资本性支出。

4. 数据资产折现率

折现率是多期超额收益法中至关重要的参数。鉴于数据资产属于新兴资产，目前尚无直接确定折现率的计算方法。因此，需要利用其他财务指标来估算，以无形资产的折现率作为数据资产的折现率。无形资产的折现率通常用回报率拆分法测算的无形资产回报率表示。无形资产回报率的具体计算公式为：

$$R_i = \frac{WACCBT - W_c \times R_c - W_f \times R_f}{W_i} \qquad 式（8.7）$$

式中，R_i 为无形资产回报率；$WACCBT$ 为企业税前加权平均资本成本；R_c、R_f 分别为流动资产、固定资产税前投资回报率；W_c、W_f、W_i 分别为流动资产、固定资产、无形资产价值占总资产价值的比重。

由于本案例选用的是税前收益，因此折现率也应该为税前指标。在根据前文公式计算出加权平均资本成本后，还需要调整为税前加权平均资本成本。具体计算公式为：

$$WACCBT = \frac{R_e \dfrac{E}{E+D} + R_d \dfrac{D}{E+D}(1-T)}{1-T} \qquad 式（8.8）$$

式中，$WACCBT$ 为企业税前加权平均资本成本；R_e 为股权资本成本；E 为股权价值；D 为债权价值；R_d 为债权资本成本；T 为企业所得税税率。

5. 数据资产收益期

数据资产收益期是指持有的这些数据资产能够持续产生经济效益的时间

长度。收益期是超额收益法的关键指标，不能简单地套用通用标准来确定，必须根据公司的具体运营情况和数据资产的特有属性来确定。对于数据源类数据资产，由于其数据的持续更新特性，给企业带来的收益也将是持续性的。因此，本案例将这类数据资产的收益期视为永续期。

6. 数据资产价值修正系数

在采用多期超额收益法评估数据资产价值时，并未完全考虑到数据资产本身的特点。因此，本案例将运用模糊综合评价法比较评估中国联通数据资产与同行业其他企业的数据资产，以确定数据资产价值修正系数，提高评估结果的准确性。其中，数据资产价值影响因素权重采用层次分析法得出。层次分析法具体操作步骤如 4.5.1 节所述，模糊综合评价法具体操作步骤如 4.5.3 节所述，此处不再赘述。

在利用层次分析法时，首先需要建立包含目标层、准则层和方案层的数据资产价值评估的层次结构。中国联通数据资产价值受数据数量、数据管理、数据质量、数据应用、数据风险五个因素的影响，将其设为准则层。在此基础上，进一步细分 14 个具体评价指标，作为方案层。具体层次结构，如表 8-1 所示。

表 8-1　中国联通数据资产价值评估指标体系

目标层	准则层	方案层
中国联通数据资产价值	数据数量 B_1	数据种类 B_{11}
		数据规模 B_{12}
	数据管理 B_2	全面性 B_{21}
		及时性 B_{22}
		有效性 B_{23}
	数据质量 B_3	准确性 B_{31}
		完整性 B_{32}
		活跃性 B_{33}
	数据应用 B_4	多维性 B_{41}
		场景经济特性 B_{42}
		交易双方价值认可程度 B_{43}
		购买方偏好 B_{44}
	数据风险 B_5	法律限制程度 B_{51}
		技术保障程度 B_{52}

8.4 评估过程

8.4.1 数据资产收益期

由中国联通数据资产的来源及特点可知，中国联通主要围绕用户构建数据源资产。这些数据资产能够持续产生收益，数据资产的收益期是无限期的。中国联通自 2012 年起开始了数据整合工作，在 2014 年构建了相应的平台，2015 年成功推出首款数据产品，并在 2017 年正式成立数据公司。本案例结合中国联通自身状况，将评估基准日后未来 5 年作为预测期，将未来 5 年以后作为永续期。

8.4.2 资产组整体收益

1. 营业收入预测

根据中国联通财务报表，2018—2022 年营业收入及其增长率，如表 8-2 所示。

表 8-2　2018—2022 年中国联通营业收入

	2018 年	2019 年	2020 年	2021 年	2022 年
营业收入（亿元）	2908.76	2905.15	3038.38	3278.54	3549.44
增长率（%）	5.84	-0.12	4.59	7.90	8.26

根据表 8-2，中国联通 2019 年营业收入出现一定幅度的下滑，但从 2020年开始，中国联通的营业收入连续增长，呈现稳定发展态势。本案例采用灰色预测法预测中国联通未来营业收入。具体预测结果，如表 8-3 所示。

表 8-3　2023—2027 年中国联通营业收入预测

	2023 年	2024 年	2025 年	2026 年	2027 年
营业收入（亿元）	3777.07	4045.20	4332.37	4639.92	4969.31

2. 成本与费用预测

（1）营业成本

根据中国联通财务报表，2018—2022 年营业成本及其增长率，如表 8-4 所示。

表 8-4　2018—2022 年中国联通营业成本占营业收入比

	2018 年	2019 年	2020 年	2021 年	2022 年
营业成本（亿元）	2135.86	2141.33	2245.39	2473.61	2688.81
增长率（%）	3.19	0.26	4.86	10.16	8.70
占营业收入比（%）	73.43	73.71	73.90	75.45	75.75

根据表 8-4，2021 年和 2022 年的营业成本显著增加。主要原因是加大了人才引进力度和增加了创新业务技术支撑投入，以支持未来的持续增长。但从总体来看，营业成本占营业收入的比例相对稳定。因此，采用 5 年平均值 74.45% 作为预测营业成本的依据。

（2）税金及附加

根据中国联通财务报表，2018—2022 年税金及附加占营业收入比，如表 8-5 所示。

表 8-5　2018—2022 年中国联通税金及附加占营业收入比

	2018 年	2019 年	2020 年	2021 年	2022 年
税金及附加（亿元）	13.89	12.36	13.53	14.27	13.97
占营业收入比（%）	0.478	0.426	0.446	0.435	0.394

根据表 8-5，中国联通税金及附加占营业收入的比例显著下降。主要原因是企业对高新技术研发的重视，获得了更多的税收减免。中国联通不仅被认定为高新技术企业，其部分子公司还归类为小微企业享受相应税收优惠。此外，还受益于西部大开发和海南自由贸易港的税收优惠政策。因此，采用 2021 年和 2022 年税金及附加占营业收入比例的平均值 0.41% 作为预测税金及附加的依据。

（3）相关费用

根据中国联通财务报表，2018—2022 年销售费用、管理费用、研发费用占营业收入比，如表 8-6 所示。

表 8-6　2018—2022 年中国联通相关费用占营业收入比

	2018 年	2019 年	2020 年	2021 年	2022 年
销售费用（亿元）	351.70	335.40	304.61	322.12	344.55
占营业收入比（%）	12.09	11.55	10.03	9.83	9.71
管理费用（亿元）	229.25	229.77	257.59	247.79	229.81
占营业收入比（%）	7.88	7.91	8.48	7.56	6.47
研发费用（亿元）	8.72	17.08	29.63	47.92	68.36
占营业收入比（%）	0.30	0.59	0.98	1.46	1.93

根据表 8-6，中国联通的销售费用占营业收入的比例较为稳定。因此，采用 5 年平均值 10.64% 作为预测销售费用的依据。中国联通的管理费用占营业收入的比例也较为稳定。因此，采用 5 年平均值 7.66% 作为预测管理费用的依据。中国联通的研发费用占营业收入的比例波动较大，但研发费用增长率呈现下降趋势。因此，仍然采用 5 年平均值 1.05% 作为预测研发费用的依据。

（4）折旧与摊销

根据中国联通财务报表，2018—2022 年折旧与摊销占营业收入比，如表 8-7 所示。

表 8-7　2018—2022 年中国联通折旧与摊销占营业收入比

	2018 年	2019 年	2020 年	2021 年	2022 年
折旧与摊销（亿元）	762.90	836.10	830.30	856.60	823.36
占营业收入比（%）	26.23	28.78	27.33	26.13	23.20

根据表 8-7，中国联通的折旧与摊销占营业收入的比例较为稳定。因此，采用 5 年平均值 26.33% 作为预测折旧与摊销的依据。

进而，对资产组整体收益运算所需的各项预测数据进行汇总，得到中国联通息税折旧摊销前利润，如表 8-8 所示。

表 8-8　2023—2027 年中国联通资产组整体收益预测

	占营业收入比（%）	2023 年	2024 年	2025 年	2026 年	2027 年
营业收入（亿元）		3777.07	4045.20	4332.37	4639.92	4969.31
减：营业成本（亿元）	74.45	2812.02	3011.65	3225.45	3454.42	3699.65
减：税金及附加（亿元）	0.41	15.48	16.58	17.76	19.02	20.37
减：销售费用（亿元）	10.64	401.88	430.40	460.96	493.68	528.73
减：管理费用（亿元）	7.66	289.32	309.86	331.86	355.42	380.65
减：研发费用（亿元）	1.05	39.65	42.47	45.48	48.71	52.17
等于：息税前利润（亿元）		218.69	234.22	250.84	268.65	287.72
加：折旧与摊销（亿元）	26.33	994.50	1065.10	1140.71	1221.69	1308.41
等于：息税折旧摊销前利润（亿元）		1213.20	1299.32	1391.56	1490.34	1596.14

8.4.3　其他资产贡献

1. 固定资产贡献

根据中国联通财务报表，2018—2022 年固定资产折旧占营业收入比，如表 8-9 所示。

表 8-9　2018—2022 年中国联通固定资产折旧占营业收入比

	2018 年	2019 年	2020 年	2021 年	2022 年
固定资产余额（亿元）	3414.52	3125.33	3153.31	3109.15	3032.80
固定资产折旧（亿元）	663.05	645.79	622.30	654.56	642.94
折旧占营业收入比（%）	22.80	22.23	20.48	19.97	18.11

根据表 8-9，中国联通固定资产折旧占营业收入的比例较为稳定。因此，采用 5 年平均值 20.72% 作为预测固定资产折旧的依据，并将固定资产折旧预测值作为固定资产损耗补偿。同样，采用灰色预测法对中国联通 2023—2027 年的固定资产进行预测。此外，中国联通自有资金为 54%，贷款为 46%。根据式（8.4），可以计算出固定资产税前投资回报率为：

固定资产税前投资回报率 = 7.19/（1-15%）×54%+4.2%×46% = 6.49%

因此，2023—2027 年中国联通固定资产贡献预测，如表 8-10 所示。

表 8-10 2023—2027 年中国联通固定资产贡献预测

	2023 年	2024 年	2025 年	2026 年	2027 年
固定资产（亿元）	3026.04	2995.06	2964.39	2934.03	2903.99
损耗补偿（亿元）	782.49	838.04	897.53	961.25	1029.49
期初余额（亿元）	3032.80	3026.04	2995.06	2964.39	2934.03
期末余额（亿元）	3026.04	2995.06	2964.39	2934.03	2903.99
平均余额（亿元）	3029.42	3010.55	2979.72	2949.21	2919.01
投资回报率（%）	6.49				
投资回报（亿元）	196.60	195.38	193.38	191.40	189.44
固定资产贡献（亿元）	979.10	1033.42	1090.91	1152.65	1218.93

2. 流动资产贡献

采用灰色预测法对中国联通 2023—2027 年的流动资产进行预测，采用一年期银行贷款利率 3.45% 作为流动资产的投资回报率。2023—2027 年流动资产贡献预测，如表 8-11 所示。

表 8-11 2023—2027 年中国联通流动资产贡献预测

	2023 年	2024 年	2025 年	2026 年	2027 年
期初余额（亿元）	1477.50	1758.98	2094.09	2493.05	2968.00
期末余额（亿元）	1758.98	2094.09	2493.05	2968.00	3533.45
平均余额（亿元）	1618.24	1926.54	2293.57	2730.52	3250.72
投资回报率（%）	3.45				
流动资产贡献（亿元）	55.82	66.46	79.12	94.20	112.15

3. 其他无形资产贡献

（1）表内无形资产贡献

表内无形资产贡献包括损耗补偿和投资回报。其中，损耗补偿是无形资产摊销，投资回报可以通过无形资产的年均余额与投资回报率的乘积来计算。根据中国联通财务报表，2018—2022 年表内无形资产及其摊销占比，如表

8-12 所示。

表 8-12　2018—2022 年中国联通表内无形资产及其摊销占比

	2018 年	2019 年	2020 年	2021 年	2022 年
无形资产（亿元）	258.84	257.46	249.42	271.72	298.45
增长率（%）	-0.19	-0.53	-3.12	8.94	9.84
无形资产摊销（亿元）	51.32	46.47	53.26	44.33	54.21
摊销占无形资产比（%）	19.83	18.05	21.36	16.32	18.16

根据表 8-12，中国联通 2018—2020 年无形资产稳定，但 2021 年和 2022 年无形资产发生了大幅度增长。因此，采用 2021 年和 2022 年无形资产平均值作为 2023—2027 年表内无形资产的预测值。同时，采用 5 年平均值 18.74% 作为预测无形资产损耗的依据。无形资产投资回报率按照 5 年期银行贷款利率 4.20% 计算。具体计算，如表 8-13 所示。

表 8-13　2023—2027 年中国联通表内无形资产贡献预测

	2023 年	2024 年	2025 年	2026 年	2027 年
无形资产（亿元）	285.09	285.09	285.09	285.09	285.09
损耗补偿（亿元）	53.44	53.44	53.44	53.44	53.44
期初余额（亿元）	298.46	285.09	285.09	285.09	285.09
期末余额（亿元）	285.09	285.09	285.09	285.09	285.09
平均余额（亿元）	291.78	285.09	285.09	285.09	285.09
投资回报率（%）	4.20				
投资回报（亿元）	12.25	11.97	11.97	11.97	11.97
无形资产贡献（亿元）	65.69	65.41	65.41	65.41	65.41

（2）表外无形资产贡献

中国联通主要表外无形资产为组合劳动力。根据中国联通财务报表，2018—2022 年应付职工薪酬占营业收入比，如表 8-14 所示。

表 8-14　2018—2022 年中国联通应付职工薪酬占营业收入比

	2018 年	2019 年	2020 年	2021 年	2022 年
营业收入（亿元）	2908.77	2905.15	3038.38	3278.54	3549.44

续表

	2018 年	2019 年	2020 年	2021 年	2022 年
应付职工薪酬（亿元）	82.63	94.94	145.37	157.12	148.72
占营业收入比（%）	2.84	3.27	4.78	4.79	4.19
占比平均值（%）	3.98				

根据表 8-14，中国联通 2018—2022 年应付职工薪酬占营业收入的比例变化并不显著。因此，采用 5 年平均值 3.98% 作为应付职工薪酬预测的依据。2023—2027 年组合劳动力贡献预测，如表 8-15 所示。

表 8-15 2023—2027 年中国联通表外其他无形资产贡献预测

	2023 年	2024 年	2025 年	2026 年	2027 年
营业收入（亿元）	3777.07	4045.20	4332.37	4639.92	4969.31
应付职工薪酬占营业收入比（%）	3.98				
年应付职工薪酬（亿元）	150.14	160.80	172.21	184.44	197.53
组合劳动力（亿元）	25.02	26.80	28.70	30.74	32.92
回报率（%）	4.20				
组合劳动力贡献（亿元）	1.05	1.13	1.21	1.29	1.38

8.4.4 数据资产折现率

1. 股权资本成本

本案例选取近 5 年在评估基准日收益年限 10 年以上的国债到期收益率的平均值 3.41% 作为无风险收益率 r_f。通过回归分析中国联通的股票收益率和市场收益率的关系，得出中国联通的 β 值为 1.44。取评估基准日前 10 年上证、深证年平均收益率 5.12% 和 4.85% 的平均值 4.99% 作为市场报酬率 r_m。综合考虑中国联通的企业规模、经营管理和抗风险能力，将特有风险报酬率确定为 1.5%。根据股权资本成本计算公式，得到中国联通的股权资本成本 R_e 为：

$$R_e = 3.41\% + (4.99\% - 3.41\%) \times 1.44 + 1.5\% = 7.19\%$$

2. 债权资本成本

中国联通业务经营良好，违约风险较低。因此，选择 2022 年底中国人民银行发布的 5 年期以上贷款利率 4.75% 作为债权资本成本 R_d。

3. 加权平均资本成本

中国联通是高新技术企业，企业所得税税率是 15%。根据中国联通的资本结构，股权占比 54%，债权占比 46%。根据加权平均资本成本计算公式，得到中国联通的加权资本成本 $WACC$ 为：

$$WACC = 7.19\% \times 54\% + 4.75\% \times （1-15\%）\times 46\% = 5.74\%$$

4. 税前加权平均资本成本

为了与收益指标息税折旧摊销前利润口径一致，根据式（8.8）计算出税前加权平均资本成本 $WACCBT$ 为 6.75%。

根据以上数据和式（8.7）可以计算出无形资产回报率 R_i，即无形资产折现率。根据中国联通 2022 年财务报表，流动资产、固定资产和无形资产在总资产中所占的比例分别为 30.51%、63.26% 和 6.23%。

$$R_i = \frac{6.75\% - 30.51\% \times 3.45\% - 63.26\% \times 6.49\%}{6.23\%} = 25.55\%$$

8.4.5　数据资产价值修正系数

1. 层次分析法计算影响因素权重

根据前文构建的中国联通数据资产价值评估指标体系，邀请 5 位数据分析师和 5 位数据库管理者进行打分。根据专家打分结果构建准则层判断矩阵，如表 8-16 所示。

表 8-16　中国联通准则层判断矩阵

	数据数量	数据应用	数据管理	数据质量	数据风险
数据数量	1	1/3	1/6	1/5	1/7
数据应用	3	1	1/5	1/3	1/6
数据管理	6	5	1	3	1/3
数据质量	5	3	1/3	1	1/5
数据风险	7	6	3	5	1

具体应用层次分析法，得出数据数量、数据管理、数据质量、数据应用

和数据风险的权重分别是 3.81%、6.82%、13.47%、26.36% 和 49.54%。在此基础上，进行一致性检验。通过对特征向量的综合分析，确定判断矩阵最大特征根为 5.3188，据此计算 CI 值为 0.0797，CR 值为 0.0711<0.1，说明该判断矩阵通过一致性检验。具体计算结果，如表 8-17 所示。

表 8-17　中国联通准则层层次分析结果

项目	权重值	最大特征根	CI	CR
数据数量	0.0381			
数据管理	0.0682			
数据质量	0.1347	5.3188	0.0797	0.0711
数据应用	0.2636			
数据风险	0.4954			

重复上述步骤，可以确定各因素在方案层中的权重。中国联通数据资产价值评估指标体系中各因素的权重，如表 8-18 所示。

表 8-18　中国联通层次分析权重结果

	准则层	权重（%）	方案层	权重（%）
中国联通数据资产价值	数据数量 B_1	3.81	数据种类 B_{11}	6.04
			数据规模 B_{12}	93.96
	数据管理 B_2	6.82	全面性 B_{21}	4.52
			及时性 B_{22}	54.04
			有效性 B_{23}	41.44
	数据质量 B_3	13.47	准确性 B_{31}	8.24
			完整性 B_{32}	82.15
			活跃性 B_{33}	9.61
	数据应用 B_4	26.36	多维性 B_{41}	16.07
			场景经济特性 B_{42}	62.94
			交易双方价值认可程度 B_{43}	12.01
			购买方偏好 B_{44}	8.97
	数据风险 B_5	49.54	法律限制程度 B_{51}	23.98
			技术保障程度 B_{52}	76.02

2. 模糊综合评价法计算修正系数

本案例邀请 10 位行业专家对中国联通数据资产价值进行打分。评分范围设定为 0~100 分，行业平均水平设为 50 分。中国联通数据资产价值打分结果，如表 8-19 所示。

表 8-19　中国联通数据资产价值打分结果

一级指标	二级指标	强	较强	较弱	弱
数据数量 B_1	数据种类 B_{11}	5	2	1	2
	数据规模 B_{12}	3	5	2	0
数据管理 B_2	全面性 B_{21}	4	3	2	1
	及时性 B_{22}	4	3	2	1
	有效性 B_{23}	6	2	1	1
数据质量 B_3	准确性 B_{31}	3	5	1	1
	完整性 B_{32}	2	7	1	0
	活跃性 B_{33}	2	5	2	1
数据应用 B_4	多维性 B_{41}	3	3	3	1
	场景经济特性 B_{42}	3	7	0	0
	交易双方价值认可程度 B_{43}	3	5	2	0
	购买方偏好 B_{44}	5	3	2	0
数据风险 B_5	法律限制程度 B_{51}	2	0	5	3
	技术保障程度 B_{52}	2	1	5	2

将上文层次分析法得出的中国联通数据资产价值影响因素权重集与相应的单因素评价矩阵相乘，可得到一级模糊评价矩阵。

对于数据数量的综合评价：

$$C_1 = \begin{bmatrix} 0.0604 & 0.9396 \end{bmatrix} \times \begin{bmatrix} 0.5 & 0.2 & 0.1 & 0.2 \\ 0.3 & 0.5 & 0.2 & 0 \end{bmatrix}$$

$$= \begin{bmatrix} 0.3121 & 0.4819 & 0.1940 & 0.0121 \end{bmatrix}$$

对于数据管理的综合评价：

$$C_2 = \begin{bmatrix} 0.0452 & 0.5404 & 0.4144 \end{bmatrix} \times \begin{bmatrix} 0.4 & 0.3 & 0.2 & 0.1 \\ 0.4 & 0.3 & 0.2 & 0.1 \\ 0.6 & 0.2 & 0.1 & 0.1 \end{bmatrix}$$

$$= \begin{bmatrix} 0.4829 & 0.2586 & 0.1586 & 0.1000 \end{bmatrix}$$

对于数据质量的综合评价：

$$C_3 = \begin{bmatrix} 0.0824 & 0.8215 & 0.0961 \end{bmatrix} \times \begin{bmatrix} 0.3 & 0.5 & 0.1 & 0.1 \\ 0.2 & 0.7 & 0.1 & 0 \\ 0.2 & 0.5 & 0.2 & 0.1 \end{bmatrix}$$

$$= \begin{bmatrix} 0.2082 & 0.6643 & 0.1096 & 0.0179 \end{bmatrix}$$

对于数据应用的综合评价：

$$C_4 = \begin{bmatrix} 0.1607 & 0.6294 & 0.1201 & 0.0897 \end{bmatrix} \times \begin{bmatrix} 0.3 & 0.3 & 0.3 & 0.1 \\ 0.3 & 0.7 & 0 & 0 \\ 0.3 & 0.5 & 0.2 & 0 \\ 0.5 & 0.3 & 0.2 & 0 \end{bmatrix}$$

$$= \begin{bmatrix} 0.3179 & 0.5758 & 0.0902 & 0.0161 \end{bmatrix}$$

对于数据风险的综合评价：

$$C_5 = \begin{bmatrix} 0.2398 & 0.7602 \end{bmatrix} \times \begin{bmatrix} 0.2 & 0 & 0.5 & 0.3 \\ 0.2 & 0.1 & 0.5 & 0.2 \end{bmatrix}$$

$$= \begin{bmatrix} 0.2000 & 0.0760 & 0.5000 & 0.2240 \end{bmatrix}$$

将准则层权重集乘以由 C_1、C_2、C_3、C_4、C_5 组成的二级模糊评价矩阵，得到数据资产价值的综合评价：

$$C = \begin{bmatrix} 0.0381 & 0.0682 & 0.1347 & 0.2636 & 0.4954 \end{bmatrix} \times$$

$$\begin{bmatrix} 0.3121 & 0.4819 & 0.1940 & 0.0121 \\ 0.4829 & 0.2586 & 0.1586 & 0.1000 \\ 0.2082 & 0.6643 & 0.1096 & 0.0179 \\ 0.3179 & 0.5758 & 0.0902 & 0.0161 \\ 0.2000 & 0.0760 & 0.5000 & 0.2240 \end{bmatrix}$$

$$= \begin{bmatrix} 0.2557 & 0.3149 & 0.3044 & 0.1249 \end{bmatrix}$$

根据专家打分结果，共分为四个等级，76~100 分为强，51~75 分为较强，26~50 分为较弱，0~25 分为弱。打分分数对照表，如表8-20所示。

表8-20 分数对照表

评价等级	强	较强	较弱	弱
对应分数	76~100	51~75	26~50	0~25
分数平均值	87.5	62.5	37.5	12.5

将综合评价结果与各分数段平均值矩阵相乘，得到中国联通所得分数 K_1。

$$K_1 = \begin{bmatrix} 0.2557 & 0.3149 & 0.3044 & 0.1249 \end{bmatrix} \times \begin{bmatrix} 87.5 \\ 62.5 \\ 37.5 \\ 12.5 \end{bmatrix} = 55.0313$$

用 K_1 除以行业平均水准代表分数 50 分，可求得中国联通数据资产价值
修正系数 K。

$$K = \frac{K_1}{50} = 1.1006$$

8.5　评估结果分析

将上文计算的结果代入式（8.1）中，可得出中国联通数据资产评估结
果，如表 8-21 所示。

表 8-21　中国联通数据资产评估结果

	2023 年	2024 年	2025 年	2026 年	2027 年	永续期
资产组整体收益（亿元）	1213.20	1299.32	1391.56	1490.34	1596.14	1596.14
固定资产贡献（亿元）	979.10	1033.43	1090.92	1152.66	1218.93	1218.93
流动资产贡献（亿元）	55.83	66.47	79.13	94.20	112.15	112.15
表内无形资产贡献（亿元）	65.69	65.41	65.41	65.41	65.41	65.41
表外无形资产贡献（亿元）	1.05	1.13	1.21	1.29	1.38	1.38
数据资产超额收益（亿元）	111.52	132.89	154.89	176.78	198.27	198.27
数据资产本性支出（亿元）	2.23	2.66	3.10	3.54	3.97	3.97
数据资产贡献（亿元）	109.29	130.23	151.80	173.25	194.30	194.30
折现率（%）	25.55					
永续期增长率（%）	3.00					
现值（亿元）	87.05	82.62	76.70	69.73	62.29	284.50
数据资产价值（亿元）	662.88					
修正系数	1.1006					
数据资产评估值（亿元）	729.57					

本案例确定的中国联通数据资产价值为 729.57 亿元，凸显了数据资产在
中国联通的核心地位。但是，本案例也存在一些缺陷。首先是评估精度问题。
采用多期超额收益法估算数据资产超额收益时存在不确定性，尽管灰色预测
法增强了预测的稳健性，但并不能完全消除预测中的不确定性。其次是缺乏
实际交易案例的验证。数据交易市场的不成熟、活跃交易的稀缺性，以及数
据资产种类的多样性，都使评估结果的合理性难以通过比较进行验证。再次

是折现率替代问题。将无形资产折现率作为数据资产折现率可能导致一定偏差。最后是数据来源的局限性。评估过程中所依赖的数据完全来源于中国联通公开财务报告，限制了数据的深度和广度，信息的可获得性限制可能导致评估过程中存在主观判断，影响评估结果的客观性和准确性。

第9章　东方财富赋能阶段数据资产评估

9.1　东方财富基本情况

东方财富信息股份有限公司（以下简称东方财富）成立于 2005 年，是专业的互联网财富管理综合运营商，为海量用户提供基于互联网的财经资讯、数据、交易等服务。东方财富旗下拥有"东方财富网""天天基金网""股吧""东方财富证券""Choice 数据""哈富证券""东方财富期货""东财基金"等知名互联网产品及业务板块。东方财富致力于构建人与财富的金融生态圈，提供财经、证券、基金、期货、社交服务等多方面业务，由财经资讯网站平台向一站式互联网财富管理服务商迈进，为用户创造更多价值。此外，东方财富还围绕互联网金融业务，在应用生态、浏览器、服务广告、服务分发、鸿蒙生态等领域与华为持续开展深度合作，全方位拓展东方财富服务入口，为用户带来更高品质、全场景、智能化的投资服务。

2023 年以来，以生成式 AI 为代表的人工智能浪潮席卷金融业，东方财富金融大模型终于面世。东方财富备案了自然语言合成、智能对话系统、虚拟主播数字人合成、公告内容提取以及图片生成五个维度算法。东方财富的大模型已通过内测，目前已经覆盖 7B、13B、34B、66B 及 104B 参数，通过自建的数据治理和数据实验流程，结合效果预估算法、高效预训练框架、SFT、RLHF 训练等技术，已经建立起技术壁垒。东方财富一直在数据、模型算力以及创新模型训练算法等层面进行创新，不断优化金融大模型的金融能力和运算效率。

作为互联网金融信息服务行业的领头羊，东方财富为众多机构客户以及个体散户提供了覆盖证券交易所、银行、保险及下游用户等的多方面金融信息数据。东方财富不仅可以为机构提供软件产品、金融数据服务以及系统维护，还可以为个人提供覆盖范围广泛的金融资讯与理财工具。东方财富具体业务包括：

第一，金融信息服务。提供广泛的股票、基金、期货、外汇等市场的实时行情数据、历史数据、财务数据、分析工具等，为投资者提供必要的数据支持，帮助投资者做出明智的投资决策。第二，金融软件开发与销售。开发并销售东方财富终端、东方财富手机 App 等多种金融软件产品，提供股票交易、投资组合管理、行情分析等服务，为投资者提供便捷的投资工具。第三，财经资讯服务。提供丰富的实时新闻、市场分析、投资策略等财经资讯内容，帮助投资者及时了解市场动态，把握投资机会。第四，投资顾问服务。提供量化投资、基本面分析、技术分析等多种投资顾问服务，给予投资者专业的投资建议，指导其投资行为。第五，金融数据服务。提供全面的行情数据、公司财务数据、宏观经济数据等金融数据服务，为投资者提供深入的市场分析和研究基础。

9.2 评估基本要素

9.2.1 评估对象与评估范围

本案例的评估对象为东方财富数据资产，评估范围为东方财富赋能阶段全部数据资产。

东方财富的数据资产在 AI 智能化平台、金融服务平台上对各类活动提供数据支撑。该数据资产主要由金融数据资产与用户数据资产组成，通过金融数据与用户数据资产化形成。东方财富金融数据由沪深两市的行情咨询与数据加工成财经金融咨询信息与行情数据信息，再衍生成金融数据的终端产品形成。用户数据来源于金融数据库系统和用户画像平台。金融数据库系统包含用户的数据需求，是在收集完用户的行为数据后，选择颗粒度并识别维度以及维度属性后所形成的用户数据需求；用户画像平台是对用户的信息进行标记，在完成用户的行为数据采集后，对其业务的整体情况进行抽象，形成用户信息的标签化。总之，东方财富的数据资产是对沪深两市行情进行加工形成的金融数据与通过客户授权获取并使用的用户数据，进行数据资产化形成的企业合法拥有并控制的数据资产，包含数字、文字、可数据化信息、可价值化信息等。

根据 Logistic 模型和 2013—2022 年东方财富数据，通过最小二乘法进行拟合，得到东方财富数据资产生命周期曲线函数的参数指标 $a = 5.0625$，$b = 0.0772$。将 a，b 指标值代入 Logistic 模型分界点公式，即式（4.32）和式（4.34）中，得到 $t_1 = 3.75$，$t_2 = 20.59$，$t_3 = 29.23$。因此，可以大致确定 2010—2014 年东方财富数据资产处于开发阶段，2015—2030 年东方财富数据资产处于赋能阶段，2031—2040 年东方财富数据资产处于活跃交易阶段，2041 年以后东方财富数据资产处于处置阶段。

9.2.2　评估目的与价值类型

本案例的评估目的是评估东方财富赋能阶段数据资产在评估基准日 2022 年 12 月 31 日的现状使用下的价值，为企业数据资产入表提供参考依据。价值类型为在用价值，是将评估对象作为企业、资产组的组成部分或要素资产按其正在使用的方式和程度及其对所属企业、资产组的贡献的价值估计数额。

9.2.3　评估假设与评估方法

1. 评估假设

（1）现状利用假设

对东方财富的数据资产进行价值评估时，主要依据其目前的使用状况，基于数据资产当前的应用与业务水平对数据资产未来收益的预测，不考虑未来数据资产开发利用的状况。

（2）公开市场假设

数据资产在市场上的交易是由市场参与者自主决定的，属于完全竞争的状态。在完全竞争的市场上，买卖双方均能够在市场上自愿地、理性地进行交易。

（3）持续使用假设

东方财富的经营状态是持续稳定的，数据资产也是处于持续使用状态的。

2. 评估方法

结合东方财富赋能阶段数据资产的特点，本案例选择多期超额收益法进行评估。

9.3 评估模型构建

9.3.1 基本思路

多期超额收益法评估东方财富赋能阶段数据资产价值的基本思路是，识别数据资产在企业商业模式中的角色，并预测数据资产与其他资产共同产生的现金流，从中剥离非数据资产的贡献，以确定数据资产的超额收益。进而，选择合适的折现率将数据资产的超额收益折现，确定数据资产价值。在确定数据资产超额收益时，要准确识别企业的各种表内表外资产，并合理确定各类资产的回报率。

9.3.2 具体模型

本案例采用差量法来确定数据资产的超额收益。因此，多期超额收益法的计算公式具体化为：

$$P = \sum_{t=1}^{n} \frac{E_t - E_{f_t} - E_{c_t} - E_{i_t}}{(1 + r)^t} \qquad 式（9.1）$$

式中，P 为数据资产评估值；E_t 为第 t 年企业自由现金流；E_{f_t} 为第 t 年固定资产的贡献；E_{c_t} 为第 t 年流动资产的贡献；E_{i_t} 为第 t 年数据资产以外其他无形资产的贡献；r 为折现率；n 为收益年限。

其中，企业自由现金流的具体计算公式为：

企业自由现金流=息前税后净利润+折旧与摊销－营运资金增加－资本性支出

式（9.2）

9.3.3 参数确定

1. 企业自由现金流

企业自由现金流是企业股东和债权人支配的现金流。企业自由现金流的具体计算过程，如表9-1所示。

表 9-1　企业自由现金流计算表

减去：	营业收入
	营业成本
	税金及附加
	销售费用
	管理费用
	研发费用
等于：	息税前利润
减去：	所得税
等于：	息前税后净利润
加上：	折旧与摊销
减去：	资本性支出
	营运资金增加
等于：	企业自由现金流

2. 除数据资产以外的其他资产贡献

（1）固定资产贡献

固定资产是企业超过一年或一个经营周期使用的生产经营资产。固定资产的贡献主要包括固定资产的投资回报和固定资产的损耗补偿。固定资产的投资回报通过固定资产的年均余额乘以固定资产的投资回报率确定，通常选择 5 年期以上的银行贷款利率作为固定资产的投资回报率。固定资产的损耗补偿一般以固定资产折旧来表示。

（2）流动资产贡献

流动资产是企业在一年或一个经营周期内能够变现或消耗的资产。流动资产使用时间和周转期较短，流动资产的贡献一般只需要考虑流动资产的投资回报。流动资产的投资回报为流动资产的年均余额乘以其投资回报率。一般选择中国人民银行公布的一年期银行贷款利率作为流动资产的投资回报率。

（3）其他无形资产贡献

其他无形资产贡献主要指除数据资产以外的无形资产贡献。其他无形资产分为表内无形资产和表外无形资产两种。表内无形资产是东方财富财务报表能够反映出来的，表内无形资产的贡献可以通过计算其摊销补偿和投资回报得到。表内无形资产的投资回报是表内无形资产年均余额乘以其投资回报率，一般选择 5 年期以上的银行贷款利率作为表内无形资产的投资回报率。表内无形资产的摊销补偿一般以其摊销来表示。

表外无形资产是东方财富财务报表中无法体现但具有价值的无形资产，主要包括品牌、人力资本、数据资产等。其中，品牌的价值构成较为复杂，具体估值难度较大。因此，主要将人力资本作为主要的表外无形资产进行剔除。人力资本的贡献为人力资本的年投入额与人力资本贡献率的乘积。可以按照财务报表中应付职工薪酬作为人力资本的年投入额，人力资本贡献率可以采用人才贡献率。

3. 折现率

折现率对数据资产价值的评估具有十分重要的作用。一般采用加权平均资本成本作为企业自由现金流的折现率，再利用回报率拆分法，考虑无形资产以外的其他资产的贡献，得出无形资产的回报率。具体计算过程如前文，此处不再赘述。然后，可以结合无形资产的折现率，得出数据资产的折现率。

4. 收益期

收益期是数据资产能够给企业带来持续收益的时间。不同的数据资产类型与不同的行业，数据资产的收益期也会不同。目前，法律上还没有明确规定数据资产的收益期。本案例研究的是赋能阶段的数据资产，结合 Logistic 模型得出的结论，可以将数据资产处于赋能阶段的剩余期限作为数据资产的收益期。同时，还需要结合数据资产的相关合同约定年限以及数据资产的权利状况是否正常，进行综合考虑确定。

9.4 评估过程

9.4.1 数据资产收益期

东方财富数据资产的时效性特点较为突出，数据资产更新迭代较快，收益期限并不是永续的。根据前文得出的东方财富数据资产赋能阶段为 2015—2030 年，结合评估基准日为 2022 年 12 月 31 日，确定东方财富赋能阶段数据资产的收益期为 2023—2030 年。

9.4.2　企业自由现金流

1. 营业收入预测

结合前文确定的东方财富数据资产的生命周期赋能阶段在 2015—2030 年，本案例选取 2015—2022 年的数据对东方财富的营业收入进行预测。东方财富 2015—2022 年营业收入及其增长率，如表 9-2 所示。

表 9-2　2015—2022 年东方财富营业收入及其增长率

	2015 年	2016 年	2017 年	2018 年	2019 年	2020 年	2021 年	2022 年
营业收入（亿元）	29.26	23.52	25.47	31.23	42.32	82.39	130.94	124.86
增长率（%）	378.10	−19.62	8.29	22.61	35.51	94.68	58.93	−4.64

根据表 9-2，东方财富 2015 年、2016 年的营业收入增长率异常，2015 年呈现高速增长，2016 年增速放缓。剔除异常值，采用 Excel 对东方财富 2017—2022 年的营业收入数据分别进行线性、指数、对数以及多项式拟合。从拟合结果发现，多项式的拟合程度最优，$R^2 = 0.9422$。因此，选用多项式对东方财富的营业收入进行预测。营业收入的拟合函数为：

$$Y = 16.414e^{0.369X} \qquad 式（9.3）$$

式中，X 为年份，2017 年对应为第 1 年；Y 为东方财富的营业收入。

将年份的对应值代入拟合函数，预测东方财富的营业收入，如表 9-3 所示。

表 9-3　2023—2030 年东方财富营业收入预测

	2023 年	2024 年	2025 年	2026 年	2027 年	2028 年	2029 年	2030 年
营业收入（亿元）	217.27	314.23	454.47	657.30	950.64	1374.90	1988.50	2875.94

2. 成本费用预测

采用销售百分比法对成本费用项目进行预测。选取 2015—2022 年东方财富的成本费用，计算各成本费用占营业收入的比例，如表 9-4 所示。

表 9-4 2015—2022 年东方财富成本费用占营业收入比

	2015 年	2016 年	2017 年	2018 年	2019 年	2020 年	2021 年	2022 年
营业成本（亿元）	3.24	3.23	3.97	3.71	3.91	5.67	6.63	5.34
占营业收入比（%）	11.07	13.73	15.59	11.88	9.24	6.88	5.06	4.28
税金及附加（亿元）	0.46	0.52	0.27	0.31	0.41	0.67	1.04	1.08
占营业收入比（%）	1.57	2.21	1.06	0.99	0.97	0.81	0.79	0.86
研发费用（亿元）	—	—	1.82	2.50	3.05	3.78	7.24	9.36
占营业收入比（%）	—	—	7.15	8.01	7.21	4.59	5.53	7.50
销售费用（亿元）	2.03	2.66	3.16	2.60	3.61	5.23	6.52	5.26
占营业收入比（%）	6.94	11.31	12.41	8.33	8.53	6.35	4.98	4.21
管理费用（亿元）	3.94	11.14	11.01	11.92	12.89	14.68	18.49	21.92
占营业收入比（%）	13.47	47.36	43.23	38.17	30.46	17.82	14.12	17.56

（1）营业成本

东方财富数据资产赋能作用不断增强，其营业成本占营业收入的比例从 2017 年开始逐渐下降。因此，以 2017—2022 年营业成本占营业收入比例的下降趋势，采用 Excel 对东方财富 2017—2022 年营业成本占营业收入的比例分别进行线性、指数、对数以及多项式拟合。从拟合结果发现，线性拟合结果较优，$R^2 = 0.9586$。因此，选用线性拟合预测东方财富 2023 年的营业成本。营业成本占营业收入比例的拟合函数为：

$$Y = -2.2677X + 16.759 \qquad \text{式（9.4）}$$

式中，X 为年份，2017 年对应为第 1 年；Y 为东方财富的营业成本占营业收入的比例。将年份的对应值代入拟合函数，2023 年营业成本占营业收入的比例为 0.89%，并将 0.89% 作为预测东方财富营业成本的依据。

（2）税金及附加

自 2017 年开始，东方财富的税金及附加占营业收入的比例变化较小。因此，以 2017—2022 年税金及附加占营业收入比例的平均值 0.91%，作为预测东方财富税金及附加的依据。

（3）相关费用

根据东方财富的财务报表，未找到 2015 年、2016 年的研发费用数据。因此，以 2017—2022 年研发费用占营业收入比例的平均值 6.67% 作为预测东方财富研发费用的依据。销售费用占营业收入的比例在 2017 年开始逐渐下降。因此，以 2017—2022 年销售费用占营业收入比例的下降趋势，采用 Excel 对东方财富 2017—2022 年销售费用占营业收入比例分别进行线性、指数、对数以及多项式拟合。从拟合结果发现，线性拟合结果较优，$R^2 = 0.9127$。因此，选用线性拟合预测东方财富 2023 年销售费用占营业收入的比例。销售费用占营业收入比例拟合函数为：

$$Y = -1.5209X + 12.791 \qquad \text{式（9.5）}$$

式中，X 为年份，2017 年对应为第 1 年；Y 为东方财富的销售费用占营业收入的比例。将年份的对应值代入拟合函数，2023 年销售费用占营业收入的比例为 2.14%，并将 2.14% 作为预测东方财富销售费用的依据。

东方财富 2016—2019 年的管理费用占营业收入的比例较高，与其他年份存在较大差异。因此，用剔除 2016—2019 年的管理费用占营业收入比例的平均值 15.74%，作为预测东方财富管理费用的依据。

综上，东方财富 2023—2030 年的成本费用预测结果，如表 9-5 所示。

表 9-5 2023—2030 年东方财富成本费用预测

（单位：亿元）

	2023 年	2024 年	2025 年	2026 年	2027 年	2028 年	2029 年	2030 年
营业成本	1.93	2.80	4.04	5.85	8.46	12.24	17.70	25.60
税金及附加	1.98	2.86	4.14	5.98	8.65	12.51	18.10	26.17
研发费用	14.49	20.96	30.31	43.84	63.41	91.71	132.63	191.83
销售费用	4.65	6.72	9.73	14.07	20.34	29.42	42.55	61.55
管理费用	34.20	49.46	71.53	103.46	149.63	216.41	312.99	452.67

3. 折旧与摊销预测

折旧与摊销包括固定资产折旧、无形资产摊销以及长期待摊费用摊销。东方财富 2015—2022 年的折旧与摊销费用，如表 9-6 所示。

表 9-6   2015—2022 年东方财富折旧与摊销占营业收入比

	2015 年	2016 年	2017 年	2018 年	2019 年	2020 年	2021 年	2022 年
固定资产折旧（亿元）	0.26	1.00	1.76	1.91	1.93	2.10	2.22	2.78
占营业收入比（%）	0.89	4.25	6.91	6.12	4.56	2.55	1.70	2.22
无形资产摊销（亿元）	0.07	0.23	0.24	0.28	0.32	0.31	0.32	0.28
占营业收入比（%）	0.24	0.98	0.94	0.90	0.76	0.38	0.24	0.22
长期待摊费用（亿元）	0.04	0.16	0.16	0.29	0.29	0.29	0.25	0.32
占营业收入比（%）	0.14	0.68	0.63	0.93	0.69	0.35	0.19	0.26

根据表 9-6，将 2015—2022 年折旧与摊销占营业收入比例的平均值，即固定资产折旧占营业收入比例平均值 3.65%、无形资产摊销占营业收入比例平均值 0.58%、长期待摊费用占营业收入比例平均值 0.48%，作为预测东方财富折旧与摊销的依据。预测折旧与摊销的结果，如表 9-7 所示。

表 9-7   2023—2030 年东方财富折旧与摊销预测

（单位：亿元）

	2023 年	2024 年	2025 年	2026 年	2027 年	2028 年	2029 年	2030 年
固定资产折旧	7.93	11.47	16.59	23.99	34.70	50.18	72.58	104.97
无形资产摊销	1.26	1.82	2.64	3.81	5.51	7.97	11.53	16.68
长期待摊费用	1.04	1.51	2.18	3.16	4.56	6.60	9.54	13.80
折旧与摊销	10.23	14.80	21.41	30.96	44.77	64.75	93.65	135.45

4. 资本性支出

资本性支出是企业购置固定资产、无形资产和其他长期资产的支出减去处置这些资产所获取的收益。东方财富 2015—2022 年资本性支出，如表 9-8 所示。

表 9-8   2015—2022 年东方财富资本性支出占营业收入比

	2015 年	2016 年	2017 年	2018 年	2019 年	2020 年	2021 年	2022 年
资本性支出（亿元）	1.96	16.42	2.49	1.98	0.77	2.76	13.86	6.18
占营业收入比（%）	6.70	69.81	9.78	6.34	1.82	3.35	10.59	4.95

根据表9-8，2016年资本性支出占营业收入比例较高。剔除异常值，以2017—2022年资本性支出占营业收入比例的平均值5.41%，作为预测东方财富资本性支出的依据。预测结果，如表9-9所示。

表 9-9　2023—2030 年东方财富资本性支出预测

（单位：亿元）

	2023 年	2024 年	2025 年	2026 年	2027 年	2028 年	2029 年	2030 年
资本性支出	11.75	17.00	24.59	35.56	51.43	74.38	107.58	155.59

5. 营运资金增加

营运资金是经营性流动资产减去经营性流动负债。按照经营性应收账款的减少与经营性应付账款的增加来测算营运资金增加。东方财富2015—2022年营运资金增加，如表9-10所示。

表 9-10　2015—2022 年东方财富营运资金增加

（单位：亿元）

	2015 年	2016 年	2017 年	2018 年	2019 年	2020 年	2021 年	2022 年
经营性应收账款减少	-2.30	-35.87	-123.14	27.01	-88.07	-287.26	-401.29	-276.37
经营性应付账款增加	-11.18	-15.62	51.03	-17.13	181.6	276.16	395.15	190.17
营运资金增加	-13.48	-51.49	-72.11	9.88	93.53	-11.10	-6.14	-86.20

根据表9-10，测算出东方财富2015—2022年营运资金增加占营业收入的比例，如表9-11所示。

表 9-11　2015—2022 年东方财富营运资金增加占营业收入比

	2015 年	2016 年	2017 年	2018 年	2019 年	2020 年	2021 年	2022 年
营运资金增加（亿元）	-13.48	-51.49	-72.11	9.88	93.53	-11.10	-6.14	-86.20
占营业收入比（%）	-46.07	-218.92	-283.12	31.64	221.01	-13.47	-4.69	-69.04

根据表9-11，东方财富2015—2022年营运资金增加占营业收入的比例呈现波动趋势，且营运资金增加在2022年存在特殊情况。因此，选取2020—2021年营运资金增加占营业收入比例的平均值-9.08%，作为预测营运资金增加的依据。预测结果，如表9-12所示。

表 9-12　2023—2030 年东方财富营运资金增加预测

（单位：亿元）

	2023 年	2024 年	2025 年	2026 年	2027 年	2028 年	2029 年	2030 年
营运资金增加	-19.73	-28.53	-41.27	-59.68	-86.32	-124.84	-180.56	-261.14

东方财富享受税收优惠，企业所得税税率为 15%。根据式（9.2），企业自由现金流测算结果，如表 9-13 所示。

表 9-13　2023—2030 年东方财富企业自由现金流预测

（单位：亿元）

	2023 年	2024 年	2025 年	2026 年	2027 年	2028 年	2029 年	2030 年
营业收入	217.27	314.23	454.47	657.30	950.64	1374.90	1988.50	2875.94
减：营业成本	1.93	2.80	4.04	5.85	8.46	12.24	17.70	25.60
减：税金及附加	1.98	2.86	4.14	5.98	8.65	12.51	18.10	26.17
减：研发费用	14.49	20.96	30.31	43.84	63.41	91.71	132.63	191.83
减：销售费用	4.65	6.72	9.73	14.07	20.34	29.42	42.55	61.55
减：管理费用	34.20	49.46	71.53	103.46	149.63	216.41	312.99	452.67
等于：息税前利润	160.02	231.43	334.72	484.10	700.15	1012.61	1464.53	2118.12
减：所得税	24.00	34.71	50.21	72.61	105.02	151.89	219.68	317.72
等于：息前税后净利润	136.02	196.72	284.51	411.49	595.13	860.72	1244.85	1800.40
加：折旧与摊销	10.23	14.80	21.41	30.96	44.77	64.75	93.65	135.45
减：资本性支出	11.75	17.00	24.59	35.56	51.43	74.38	107.58	155.59
减：营运资金增加	-19.73	-28.53	-41.27	-59.68	-86.32	-124.84	-180.56	-261.14
等于：企业自由现金流	154.23	223.05	322.60	466.57	674.79	975.93	1411.48	2041.4

9.4.3　其他资产贡献

东方财富 2015—2022 年流动资产、固定资产、表内无形资产、应付职工薪酬及其占营业收入的比例，如表 9-14 所示。

表 9-14　2015—2022 年东方财富各资产及其占营业收入比

	2015 年	2016 年	2017 年	2018 年	2019 年	2020 年	2021 年	2022 年
营业收入（亿元）	29.26	23.52	25.47	31.23	42.32	82.39	130.94	124.86
流动资产（亿元）	197.44	216.46	363.40	343.72	561.59	1046.59	1641.19	1954.22
占营业收入比（%）	674.78	920.32	1426.78	1100.61	1327.01	1270.29	1253.39	1565.13
固定资产（亿元）	3.96	17.81	17.61	17.16	15.58	17.64	26.92	28.38
占营业收入比（%）	13.53	75.72	69.14	54.95	36.81	21.41	20.56	22.73
表内无形资产（亿元）	1.87	0.68	0.69	0.77	1.80	1.74	1.74	1.74
占营业收入比（%）	6.39	2.89	2.71	2.47	4.25	2.11	1.33	1.39
应付职工薪酬（亿元）	2.13	2.11	2.36	2.45	2.76	3.47	4.10	5.23
占营业收入比（%）	7.28	8.97	9.27	7.85	6.52	4.21	3.13	4.19

1. 固定资产贡献

根据表 9-14，东方财富 2015—2019 年固定资产占营业收入的比例变化较大。因此，采用近 3 年固定资产占营业收入比例的平均值 21.57%，计算固定资产期末余额。选用 5 年期以上的银行贷款利率 4.9%，作为固定资产的投资回报率。固定资产损耗补偿按照固定资产折旧来测算。结合表 9-14，预测2023—2030 年固定资产贡献，如表 9-15 所示。

表 9-15　2023—2030 年东方财富固定资产贡献预测

	2023 年	2024 年	2025 年	2026 年	2027 年	2028 年	2029 年	2030 年
期初余额（亿元）	28.38	46.87	67.78	98.03	141.78	205.05	296.57	428.92
期末余额（亿元）	46.87	67.78	98.03	141.78	205.05	296.57	428.92	620.34
平均余额（亿元）	37.63	57.33	82.91	119.91	173.42	250.81	362.75	524.63
投资回报率（%）	4.90							
投资回报（亿元）	1.84	2.81	4.06	5.88	8.50	12.29	17.77	25.71
折旧补偿（亿元）	7.93	11.47	16.59	23.99	34.70	50.18	72.58	104.97
总贡献（亿元）	9.77	14.28	20.65	29.87	43.20	62.47	90.35	130.68

2. 流动资产贡献

根据表9-14，东方财富2015—2022年流动资产占营业收入的比例较稳定。因此，采用流动资产占营业收入比例的平均值1192.29%，计算流动资产期末余额。选用一年期银行贷款利率4.35%，作为流动资产的投资回报率。结合表9-14，预测2023—2030年流动资产贡献，如表9-16所示。

表9-16　2023—2030年东方财富流动资产贡献

	2023年	2024年	2025年	2026年	2027年	2028年	2029年	2030年
期初余额（亿元）	1954.22	2590.49	3746.53	5418.60	7836.92	11334.39	16392.8	23708.69
期末余额（亿元）	2590.49	3746.53	5418.60	7836.92	11334.39	16392.80	23708.69	34289.55
平均余额（亿元）	2272.36	3168.51	4582.57	6627.76	9585.66	13863.60	20050.75	28999.12
投资回报率（%）	4.35							
贡献（亿元）	98.85	137.83	199.34	288.31	416.98	603.07	872.21	1261.46

3. 其他无形资产贡献

（1）表内无形资产贡献

根据表9-14，东方财富2015—2019年表内无形资产占营业收入比例变化较大。因此，采用近3年表内无形资产占营业收入比例的平均值1.61%，计算表内无形资产期末余额。选用5年期以上的银行贷款利率4.9%，作为表内无形资产的投资回报率。结合表9-14，预测2023—2030年表内无形资产贡献，如表9-17所示。

表9-17　2023—2030年东方财富表内无形资产贡献

	2023年	2024年	2025年	2026年	2027年	2028年	2029年	2030年
期初余额（亿元）	1.74	3.50	5.06	7.32	10.58	15.31	22.14	32.01
期末余额（亿元）	3.50	5.06	7.32	10.58	15.31	22.14	32.01	46.30
平均余额（亿元）	2.62	4.28	6.19	8.95	12.95	18.73	27.08	39.16
投资回报率（%）	4.90							
投资回报（亿元）	0.13	0.21	0.30	0.44	0.63	0.92	1.33	1.92
摊销补偿（亿元）	1.26	1.82	2.64	3.81	5.51	7.97	11.53	16.68
总贡献（亿元）	1.39	2.03	2.94	4.25	6.14	8.89	12.86	18.60

（2）表外其他无形资产贡献

本案例主要以人力资本作为主要的其他表外无形资产进行剔除。采用近 5 年应付职工薪酬占营业收入比重的平均值，作为计算人力资本贡献的依据，人力资本贡献率采用人才贡献率的平均水平确定。根据最新的《中国人才资源统计报告》，我国人才对经济的贡献率由 2012 年的 29.8% 提升到了 34.5%，人才的创新引领发展作用日益凸显。结合表 9-14，预测 2023—2030 年表外其他无形资产贡献，如表 9-18 所示。

表 9-18　2023—2030 年东方财富表外其他无形资产贡献

	2023 年	2024 年	2025 年	2026 年	2027 年	2028 年	2029 年	2030 年
营业收入（亿元）	217.27	314.23	454.47	657.30	950.64	1374.90	1988.50	2875.94
应付职工薪酬（亿元）	11.25	16.28	23.54	34.05	49.24	71.22	103.00	148.97
人才贡献率（%）	34.50							
贡献（亿元）	3.88	5.62	8.12	11.75	16.99	24.57	35.54	51.39

9.4.4　数据资产折现率

1. 股权资本成本

本案例采用 CAPM 模型确定东方财富股权资本成本。无风险报酬率采用 2022 年 5 年期的国债利率 3.52% 确定。市场收益率采用近 10 年沪深 300 指数 9.20% 确定。根据同花顺官方软件查询到东方财富 2018—2022 年平均 β 值为 1.7568。根据公式计算，东方财富股权资本成本 R_e 为：

$$R_e = 3.52\% + （9.20\% - 3.52\%）\times 1.7568 = 13.50\%$$

2. 加权平均资本成本

东方财富 2018—2022 年资本结构，如表 9-19 所示。

表 9-19　2018—2022 年东方财富资本结构

	2018 年	2019 年	2020 年	2021 年	2022 年
股权资本（亿元）	156.95	212.12	331.56	440.40	651.65
债权资本（亿元）	241.16	406.19	771.73	1409.80	1467.16

续表

	2018 年	2019 年	2020 年	2021 年	2022 年
资本总和（亿元）	398.11	618.31	1103.29	1850.20	2118.81
股权资本所占比例（%）	39.42	34.31	30.05	23.80	30.76
债权资本所占比例（%）	60.58	65.69	69.95	76.20	69.24

根据表 9-19，股权资本所占比例的平均值为 31.67%，债权资本所占比例的平均值为 68.33%。采用评估基准日 5 年期的贷款利率 4.75% 作为债权资本成本，采用 15% 作为企业所得税税率。根据公式，计算出加权平均资本成本 WACC 为：

$$WACC = 31.67\% \times 13.50\% + 68.33\% \times 4.75\% \times （1-15\%）= 7.03\%$$

3. 数据资产折现率

本案例选择与东方财富具有相似业务的同花顺、指南针、大智慧三家互联网金融企业作为可比案例，根据回报率拆分法，分别计算四家企业的无形资产回报率，取其平均值作为东方财富数据资产的折现率。采用一年期贷款利率 4.35% 作为流动资产回报率，5 年期贷款利率 4.90% 作为固定资产回报率。选取 2015—2022 年固定资产、流动资产、无形资产所占比重的平均值，确定各资产所占比重，如表 9-20 所示。

表 9-20　无形资产回报率测算

（单位:%）

	WACC	固定资产比重	固定资产回报率	流动资产比重	流动资产回报率	无形资产比重	无形资产回报率
同花顺	7.50	8.24		77.71		14.05	26.44
指南针	7.63	6.89	4.90	64.39	4.35	28.72	15.63
大智慧	8.11	1.52		74.94		23.54	20.29
东方财富	7.03	2.91		87.91		9.18	33.55

根据表 9-20，计算出四家同类型企业无形资产回报率的平均值为 23.98%，并将 23.98% 作为东方财富数据资产的折现率。

9.5　评估结果分析

根据前文预测的东方财富 2023—2030 年企业自由现金流和其他资产贡献，以及数据资产折现率，得出 2023—2030 年数据资产评估结果，如表 9-21 所示。

表 9-21　东方财富赋能阶段数据资产评估结果

	2023 年	2024 年	2025 年	2026 年	2027 年	2028 年	2029 年	2030 年
企业自由现金流（亿元）	154.23	223.05	322.6	466.57	674.79	975.93	1411.48	2041.4
固定资产贡献（亿元）	9.77	14.28	20.65	29.87	43.20	62.47	90.35	130.68
流动资产贡献（亿元）	98.85	137.83	199.34	288.31	416.98	603.07	872.21	1261.46
表内无形资产贡献（亿元）	1.39	2.03	2.94	4.25	6.14	8.89	12.86	18.60
其他表外无形资产贡献（亿元）	3.88	5.62	8.12	11.75	16.99	24.57	35.54	51.39
数据资产收益（亿元）	40.34	63.29	91.55	132.39	191.48	276.93	400.52	579.27
数据资产折现率（%）	23.98							
现值（亿元）	32.54	41.17	48.04	56.03	65.37	76.25	88.95	103.77
数据资产评估值（亿元）	512.12							

本案例结合生命周期阶段确定了东方财富赋能阶段数据资产在评估基准日的公允价值。但是，本案例也存在一些缺陷。首先，缺乏明确的数理模型划分数据资产的生命周期阶段，借鉴 Logistic 模型可能存在偏差。其次，通过总资产减去流动资产、固定资产和其他无形资产的方式倒推数据资产可能存在偏差。最后，本案例假设东方财富在收益期内顺利、完整地实现数据资产价值，没有考虑具体应用场景。

第10章　拼多多数据资产评估

10.1　拼多多基本情况

拼多多控股公司（以下简称拼多多）隶属于上海寻梦信息技术有限公司，2015 年 9 月正式上线，并于 2018 年 7 月在美国纳斯达克上市。拼多多上线以来，以明显的价格优势和拼团砍价活动，短时间内吸引了大量客户。拼多多区别于天猫、京东，在电子商务的基础上引入了社交思维。拼多多采用通过拼团吸引客户继续发起家人、朋友等更多潜在客户的一带多传播方式，迅速占领了市场，仅 3 年时间就超越京东成为国内用户数量第二大的电商平台。2020 年，拼多多活跃用户 7.884 亿，成为国内用户数量最大的电商平台。

拼多多作为互联网电商购物平台，相较于其他传统行业，数据资产已经成为其核心资产。同时，拼多多作为社交类电商企业，其数据资产既与平台商家和平台消费者相关，也与平台自身的生产经营相关。具体来说，第一，拼多多收集消费者用户信息，了解消费者偏好和消费习惯，再依据这些信息为消费者定制推送相关商品和服务，为消费者用户带来良好的购物体验。第二，拼多多收集商家用户信息，了解商家供货商品信息，以提高消费者与商家商品的匹配度，更好地促进商家完成商品销售，也利于拼多多平台预测未来销售情况，实现精准营销。第三，拼多多拥有企业管理、员工、营销等数据，都是电商企业发展过程中的重要信息和资源。

拼多多 2017—2021 年的营业收入一直处于不断增长的状态，尤其是上市年度 2018 年，营业收入出现飞跃式增长。但营业收入的来源构成有所变动，由早期大部分收入来自网络营销服务到近年来交易服务和商品销售收入上升，收入来源不断丰富。拼多多 2017—2021 年的成本费用一直处于不断增长中，其中占比最多的是营业成本和销售费用。而且，营业成本比例不断上升，销售费用比例不断下降。

10.2　评估基本要素

10.2.1　评估对象与评估范围

本案例的评估对象为拼多多的数据资产，评估范围为拼多多平台商家、平台消费者、平台自身生产经营的数据资产。具体包括消费者用户的偏好、消费习惯，商家的供货、商品信息，企业自身的管理、营销等数据。

10.2.2　评估目的与价值类型

本案例的评估目的是评估拼多多数据资产在评估基准日 2021 年 12 月 31 日的市场价值，深化对数据资产的认识，为企业管理数据资产和促进数据资产有序交易提供价值参考。价值类型为市场价值，是自愿买方和自愿卖方，在各自理性行事且未受任何强迫的情况下，评估对象在评估基准日进行正常公平交易的价值估计数额。

10.2.3　评估假设与评估方法

1. 评估假设

本案例在进行数据资产价值评估时，基于资产评估的基本假设，即交易假设、公开市场假设和最佳使用假设。同时，假设拼多多在未来能够持续经营下去，拼多多的经营决策不发生重大改变。拼多多所处的宏观政治、经济、社会环境，以及中观产业政策不发生明显变化。

应用 B-S 期权定价模型时，假设数据资产价格符合对数正态分布，无风险利率选取同期国债收益率且在期权有效期内保持不变。假设市场不存在摩擦，即不存在交易成本、信息不对称等影响市场效率的因素，数据资产交易时不存在其他成本和税收成本。假设不存在无风险套利机会，市场处于均衡状态，资产价格真实准确反映价值。

2. 评估方法

结合拼多多数据资产动态性和不确定性特点，本案例选择收益法加实物期权法评估数据资产价值。采用收益法评估不考虑期权的数据资产价值，采用实物期权法评估数据资产的期权价值。相比于传统的评估方法，实物期权法更具灵活性，可以避免数据资产不确定性给企业带来的损失，还可以考虑到数据资产投资的潜在收益，从而把握住投资机会。实物期权法包括以二项树为代表的离散型模型和以 B-S 期权定价模型、蒙特卡洛模拟为代表的连续性模型。如前文 4.4 节所述，这两种模型是相通的。本案例选择 B-S 期权定价模型。

10.3　数据资产价值影响因素

10.3.1　数据质量

经过不同处理和加工的数据有不同的质量，从而体现不同的价值。数据质量越高，数据价值就越大。具体来讲，数据质量又从数据准确性、数据真实性、数据完整性、数据安全性等多方面共同体现。首先，数据只有真实、准确才能体现其价值。真实、准确的数据才能科学预测消费者偏好、消费习惯等，才能作出正确的决策。其次，数据完整才能有更大的价值。缺失的数据带来的信息是有限的，其能实现的价值也是有限的。只有不断完善和补充用户、市场最新信息数据，才能不断提高平台的吸引力，留住用户。最后，数据安全与数据资产价值高度相关。数据安全性越高，数据资产价值越大。只有安全性高的数据才能给企业的决策提供更强有力的保障，才能增强企业竞争力。

10.3.2　数据应用

数据只有具有应用性才具有价值，缺乏应用的数据不能被视为资产。具体来讲，数据应用又从数据的稀缺性、多维性、时效性以及场景经济性等方面来体现。首先，稀缺的数据拥有更高的价值。掌握了稀缺的数据就掌握了其他竞争者没有的资源，能够为企业带来更大的竞争力，从而带来更多的超额收益。其次，多维的数据具有更高的价值。数据经过处理加工后能为企业提供多样化的信息，就能够从多维度助力企业经营发展。再次，时效性越强的数据越有价值。数据在不断更新，时效性强的数据能够提供更准确、更有参考性的信息，能够帮助企业进行正确决策。最后，不同的数据有不同的应用场景，关联性越强的数据，就越能带来更大的价值。

10.3.3 数据风险

数据面临不同的风险，风险越小，数据资产价值就越高。具体来讲，数据风险主要来自法律限制、行业政策变化、市场需求变化等。首先，企业数据的处理、使用和交易都必须符合法律规定。法律的约束和限制要求企业花费一定成本，保障数据合规、信息安全等。其次，行业政策和市场需求的变化都容易导致数据的有效性直接下降，给企业带来较大的风险，需要企业采取措施适当规避风险。

10.4 评估模型构建

10.4.1 基本思路

采用实物期权法的 B–S 期权定价模型评估拼多多数据资产价值的基本思路是，采用收益法评估企业整体价值，减去企业无形资产以外资产价值，得到企业组合无形资产价值，再引入层次分析法，确定数据资产在企业组合无形资产中的权重，得到不考虑期权的数据资产价值。再计算数据资产的现有价值，并将数据资产的现有价值和期权执行价格、无风险报酬率、波动率、期权期限等参数代入 B–S 期权定价模型中，得到数据资产的期权价值。最后，将拼多多不考虑期权的数据资产价值加上数据资产的期权价值，得到数据资产评估值。

10.4.2 具体模型

本案例采用收益法的两阶段增长模型确定企业整体价值，具体计算公式为：

$$EV = \sum_{t=1}^{n} \frac{FCFF_t}{(1+WACC)^t} + \frac{FCFF_n \times (1+g)}{(WACC-g) \times (1+WACC)^n} \quad \text{式（10.1）}$$

式中，EV 为企业整体价值；n 为详细预测期年数；$FCFF_t$ 为第 t 年企业自由现金流；$WACC$ 为加权平均资本成本；g 为永续期企业自由现金流增长率。

本案例采用 B–S 期权定价模型评估数据资产期权价值。数据资产具有看涨期权特性，在不考虑企业分红情况下，具体计算公式为：

$$V = S \cdot N(d_1) - X \cdot e^{-rt} N(d_2) \qquad \text{式（10.2）}$$

式中，V 为数据资产期权价值；S 为数据资产现有价值；e 为自然对数的底数；X 为期权执行价格；r 为无风险利率；t 为期权有效期；$N（d）$ 为标准正态分布中变量小于 d 的概率。其中，d_1 和 d_2 的计算公式为：

$$d_1 = \frac{\ln\left(\frac{S}{X}\right) + (r + \frac{\sigma^2}{2})t}{\sigma\sqrt{t}} \ , \ d_2 = d_1 - \sigma\sqrt{t} \qquad \text{式（10.3）}$$

式中，σ 为波动率，其他参数含义同式（10.2）。

10.4.3 参数确定

1. 企业整体价值

（1）企业自由现金流

企业自由现金流一般根据企业的息前税后净利润确定，具体计算公式为：

企业自由现金流=息前税后净利润+折旧与摊销–资本性支出–营运资金增加

式（10.4）

如前所述，本案例采用收益法的两阶段增长模型确定企业整体价值。企业自由现金流分为详细预测期和永续期两个阶段。详细预测期的企业自由现金流基于营业收入预测，根据企业历年增长情况、未来发展规划、行业发展趋势以及宏观环境等因素预测营业收入，再根据各项成本费用占营业收入的比例，采用销售百分比法预测各项成本费用。对于永续期企业自由现金流的预测，一般假定按照一个稳定的增长率永续增长。

（2）收益期

本案例假设企业持续经营，收益期为永续期。详细预测期具体根据企业发展状况、行业发展趋势等因素综合确定。

（3）折现率

在计算企业整体价值时，包括股权资本和债权资本。因此，折现率一般选用加权平均资本成本，具体计算公式为：

$$WACC = K_e \frac{E}{D+E} + K_d(1-T)\frac{D}{D+E} \qquad 式（10.5）$$

式中，$WACC$ 为加权平均资本成本；D 为债权资本；E 为股权资本；K_d 为债权资本成本；K_e 为股权资本成本；T 为企业所得税税率。

其中，股权资本成本 K_e 根据资本资产定价模型确定，债权资本成本 K_d 根据银行贷款利率确定。

（4）永续增长率

企业自由现金流的永续增长率一般可以参照近年来 GDP 的平均增长率确定。

2. 数据资产现有价值

（1）组合无形资产价值

组合无形资产价值通过不扣除资本性支出和营运资金增加的利润指标，即息前税后净利润加折旧与摊销的现值和减去企业无形资产以外其他资产价值得到。其中，企业无形资产以外其他资产价值用企业账面总资产价值减去账面无形资产得到。组合无形资产包括表内无形资产和表外无形资产，表外无形资产具体包括品牌价值、软件和专有技术、合作方网络、人力资本、数据资产等。

（2）组合无形资产价值中数据资产分成率

数据资产在组合无形资产价值中的分成率通过层次分析法确定。根据影响组合无形资产价值的因素，将准则层确定为价格或销量优势、成本费用节约、综合竞争力，将方案层确定为数据资产、人力资本、合作方网络、软件和专有技术、品牌价值。其中，数据资产包括消费者用户的偏好和消费习惯信息、商家的供货信息、企业管理数据、员工数据以及企业外部数据等，人力资本包括企业的管理团队和企业的员工架构，合作方网络包括与第三方支付软件和物流公司的合作。此外，电商企业需要大量的软件和专有技术用来支撑电商企业和平台的经营，也需要依靠品牌的力量吸引用户，获得用户的信任。通过计算方案层因素对目标层指标的权重，可以得到拼多多数据资产在企业组合无形资产价值中的分成率。层次分析法具体操作步骤如 4.5.1 节所述，此处不再赘述。本案例构建的层次分析框架，如图 10-1 所示。

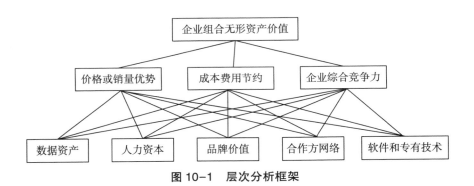

图 10-1 层次分析框架

拼多多组合无形资产价值乘以数据资产分成率，可以得到数据资产的现有价值，即 B-S 期权定价模型中的参数 S。

3. 期权执行价格

期权执行价格是期权到期时执行期权的全部成本。在应用 B-S 期权定价模型评估企业价值时，通常简单地以企业发行在外的债券面值来确定。在数据资产评估中，也可以将数据资产的应用看成一个投资项目，标的数据资产的执行价格可以用数据资产未来投资成本现值来确定。

4. 期权有效期

期权有效期受到标的资产本身特性影响，标的资产具有一定的不确定性。拼多多的数据资产具有明显的时效性，需要不断地更新补充。因此，本案例借鉴专家意见并综合考虑拼多多数据资产管理、更新及应用情况等来确定期权有效期。

5. 无风险利率

一般来讲，如果存在与期权有效期相同的国债，可采用该同期债券利率作为无风险利率。如果没有与期权有效期相同的国债，则可采用近期相近年限的国债利率作为无风险利率。

6. 波动率

波动率反映标的资产在评估基准日到行权日之间价格或收益的波动情况。数据资产的收益率具有较强的不确定性和风险性，直接测算难度较大。

数据资产价值是企业价值的重要组成部分，其价值与其能带来的收益直接相关。因此，可以考虑用企业在评估基准日前若干年度收盘价的波动率来确定。

7. 不考虑期权的数据资产价值

不考虑期权的数据资产价值采用企业整体价值减去企业无形资产以外资产价值，得到企业组合无形资产价值，再乘以数据资产在组合无形资产价值中的分成率。

10.5 评估过程

10.5.1 企业整体价值

1. 详细预测期

电商企业在成立之初，需要大量投入研发成本和营销宣传费用来吸引用户，往往处于亏损状态。一旦抢占到市场，有稳定的用户，企业就会有稳定的收入来源，还可以适当减少成本费用，从而获得盈利增长。在经过盈利增长的成长阶段后，企业的商业模式、经营管理等都会走向成熟，企业的盈利也会逐步走向成熟稳定。根据 2017—2020 年财务报表，拼多多一直处于亏损状态，2021 年转亏为盈，且拥有了国内最多活跃用户数。本案例认为未来短期内，拼多多会继续实现较高的盈利增长，然后进入稳定增长期。因此，综合考虑将 2022—2026 年作为详细预测期。

2. 加权平均资本成本

加权平均资本成本由股权资本成本和债权资本成本加权得到。拼多多 2018—2021 年的债权与股权比重，如表 10-1 所示。

表 10-1 2018—2021 年拼多多债权与股权比重

	2018 年	2019 年	2020 年	2021 年
资产总额（亿元）	431.82	760.57	1589.09	1812.10
负债（亿元）	243.59	514.10	987.33	1060.95
净资产（亿元）	188.23	246.47	601.76	751.15

	2018 年	2019 年	2020 年	2021 年
债权比重（%）	56.41	67.59	62.13	58.55
股权比重（%）	43.59	32.41	37.87	41.45

根据表 10-1，拼多多债权比重比较稳定并呈下降趋势。综合考虑拼多多的商业模式和发展状况，本案例确定拼多多的目标资本结构，债权比重为 55%，股权比重为 45%。

股权资本成本采用资本资产定价模型确定。其中，无风险报酬率选用 5 年期国债利率 3.52%，市场收益率 R_m 和 β 值都通过 wind 数据库获得，市场收益率为 16.05%，β 值为 1.89。因此，股权资本成本 K_e 为 27.2%。

债权资本成本一般根据银行贷款利率确定。根据 2018—2021 年的财务报表，拼多多 90% 的负债为流动负债，且大部分为应付账款。因此，采用一年期贷款利率 3.80% 作为债权资本成本。同时，拼多多所得税享受优惠，采用 15% 作为企业所得税税率。

根据式（10.5），计算得到加权平均资本成本 WACC 为 14.02%。

3. 详细预测期企业自由现金流预测

（1）营业收入

拼多多 2018—2021 年的营业收入及其增长情况，如表 10-2 所示。

表 10-2　2018—2021 年拼多多营业收入及其增长

	2018 年	2019 年	2020 年	2021 年
营业收入（亿元）	131.20	301.42	594.92	939.50
营业收入增长（亿元）	113.76	170.22	293.50	344.58
增长率（%）	652.26	129.74	97.37	57.92

根据表 10-2，拼多多营业收入处于不断地快速增长中，但增幅不断下降。因此，综合拼多多营业收入增长趋势和未来发展前景，预测其未来营业收入也将持续增长，但增长率逐渐下降。具体预测结果，如表 10-3 所示。

表 10-3　2022—2026 年拼多多详细预测期营业收入预测

	2022 年	2023 年	2024 年	2025 年	2026 年
营业收入（亿元）	1268.32	1610.77	1932.93	2203.54	2379.82
增长率（%）	35	27	20	14	8

（2）各项成本费用

拼多多 2018—2021 年的营业成本、销售费用、管理费用、研发费用、折旧与摊销、营运资金、资本性支出，以及各个项目所占营业收入的比例，如表 10-4 所示。

表 10-4　2018—2021 年拼多多各成本费用占营业收入比

	2018 年	2019 年	2020 年	2021 年
营业收入（亿元）	131.20	301.42	594.92	939.50
营业成本（亿元）	29.05	63.39	192.79	317.18
占营业收入比（%）	22.14	21.03	32.41	33.76
销售和管理费用（亿元）	198.98	284.71	427.02	463.42
占营业收入比（%）	151.66	94.46	71.78	49.33
研发费用（亿元）	11.16	38.70	68.92	89.93
占营业收入比（%）	8.51	12.84	11.58	9.57
折旧与摊销（亿元）	4.97	7.11	8.01	18.44
占营业收入比（%）	3.79	2.36	1.35	1.96
营运资金（亿元）	160.32	272.34	656.42	671.79
占营业收入比（%）	122.19	90.35	110.34	71.51
营运资金增加（亿元）	150.03	112.02	384.08	15.38
资本性支出（亿元）	0.27	0.27	0.43	32.87
占营业收入比（%）	0.21	0.09	0.07	3.50

根据表 10-4，拼多多营业成本占营业收入的比例相对比较稳定，采用近 4 年平均值 27.33% 作为预测营业成本的依据。对于销售费用和管理费用，由上线之初的大量投入阶段，已经逐渐发展为积累了大量用户后投入不断下降阶段。综合拼多多近 4 年销售费用和管理费用变化趋势，本案例采用 30% 作为预测销售费用和管理费用的依据。拼多多研发费用占营业收入的比例相对

比较稳定，采用近 4 年平均值 10.63% 作为预测研发费用的依据。拼多多折旧与摊销占营业收入的比例相对比较稳定，采用近 4 年平均值 2.36% 作为预测折旧与摊销的依据。拼多多营运资金增加并不稳定，2021 年营运资金增加更是明显减少。结合拼多多发展趋势，采用 2021 年营运资金占营业收入的比例 71.51% 作为预测营运资金的依据。拼多多资本性支出占营业收入的比例相对比较稳定，采用近 4 年平均值 0.97% 作为预测资本性支出的依据。

根据各成本费用预测结果和式（10.4），可以确定详细预测期企业自由现金流，如表 10-5 所示。

表 10-5　2022—2026 年拼多多详细预测期企业自由现金流预测

（单位：亿元）

	2022 年	2023 年	2024 年	2025 年	2026 年
营业收入	1268.32	1610.77	1932.93	2203.54	2379.82
减：营业成本	346.63	440.22	528.27	602.23	650.40
减：销售和管理费用	380.50	483.23	579.88	661.06	713.95
减：研发费用	134.82	171.22	205.47	234.24	252.97
等于：息前税后净利润	345.41	438.69	526.41	600.11	648.13
加：折旧与摊销	29.93	38.01	45.62	52.00	56.16
营运资金	906.98	1151.86	1382.23	1575.75	1701.81
减：营运资金增加	235.19	244.88	230.37	193.52	126.06
减：资本性支出	12.30	15.62	18.75	21.37	23.08
等于：企业自由现金流	127.85	216.20	322.91	437.22	555.15

4. 永续期企业自由现金流现值

在经过快速增长的发展阶段后，企业进入稳定发展的永续期。虽然近年来电商企业快速发展，但是拼多多已经处于行业领先地位，与阿里巴巴、京东三足鼎立。因此，预测拼多多在永续期以接近于 GDP 增长率的速度平稳发展。剔除 2020 年由于产业政策及疫情影响的异常 GDP 数据，基于谨慎原则，并结合拼多多发展趋势，采用 3% 作为拼多多永续期企业自由现金流的增长率。根据公式，计算企业永续期企业自由现金流现值为：

永续期企业自由现金流现值

$$= \frac{FCFF_n \times (1 + g)}{(WACC - g) \times (1 + WACC)^n} = \frac{555.15 \times (1 + 3\%)}{(14.02\% - 3\%) \times 1.927} = 2692.14(亿元)$$

将表 10-5 计算得出的 2022—2026 年企业自由现金流分别折现加总，可以得到详细预测期企业价值。

详细预测期企业价值 $= 127.85/(1 + 14.02\%) + 216.20/(1 + 14.02\%)^2 + 322.91/(1 + 14.02\%)^3 + 437.22/(1 + 14.02\%)^4 + 555.15/(1 + 14.02\%)^5 = 1043.03(亿元)$

综上，由详细预测期企业价值再加上永续期企业自由现金流现值，可以得到企业整体价值为 1043.03+2692.14＝3735.17 亿元。

10.5.2　数据资产现有价值

1. 组合无形资产价值

评估基准日拼多多组合无形资产价值等于不扣除资本性支出和营运资金增加的利润指标，即息前税后净利润加折旧与摊销的现值和减去实物资产价值。

（1）息前税后利润加折旧与摊销的现值和

详细预测期息前税后利润加折旧与摊销，如表 10-6 所示。

表 10-6　2022—2026 年拼多多息前税后净利润加折旧与摊销预测

（单位：亿元）

	2022 年	2023 年	2024 年	2025 年	2026 年
营业收入	1268.32	1610.77	1932.93	2203.54	2379.82
减：营业成本	346.63	440.22	528.27	602.23	650.40
减：销售和管理费用	380.50	483.23	579.88	661.06	713.95
减：研发费用	134.82	171.22	205.47	234.24	252.97
等于：息前税后净利润	345.41	438.69	526.41	600.11	648.13
加：折旧与摊销	29.93	38.01	45.62	52.00	56.16
等于：息前税后净利润加折旧与摊销	375.35	476.69	572.03	652.12	704.28

将表 10-6 计算得出的 2022—2026 年息前税后净利润加折旧与摊销分别折现加总，可以得到详细预测期息前税后净利润加折旧与摊销的现值。

详细预测期息前税后净利润加折旧与摊销的现值

$$= 375.35/(1+14.02\%)+476.69/(1+14.02\%)^2+572.03/(1+14.02\%)^3+652.12/(1+14.02\%)^4+704.28/(1+14.02\%)^5 = 1833.06(亿元)$$

同理，永续期息前税后净利润加折旧与摊销的现值为：

永续期息前税后净利润加折旧与摊销的现值

$$= \frac{FCFF_n \times (1+g)}{(WACC-g) \times (1+WACC)^n} = \frac{704.28 \times (1+3\%)}{(14.02\% - 3\%) \times 1.927} = 3415.29(亿元)$$

详细预测期再加上永续期息前税后净利润加折旧与摊销的现值，可以得到息前税后净利润加折旧与摊销的现值和，即 1833.06+3415.29=5248.35 亿元。

（2）实物资产价值

实物资产价值以账面总资产减去账面无形资产确定。根据拼多多财务报表，评估基准日的账面总资产约为1567.40亿元，账面无形资产约为10.05亿元，即拼多多账面实物资产价值为1557.35亿元。

据此，可以计算得到拼多多组合无形资产在评估基准日的价值，即 5248.35-1557.35=3691亿元。

2. 组合无形资产价值中数据资产的分成率

根据前文构建的层次分析框架，邀请9位从事资产评估工作10年以上的评估专业人员和1位电商企业员工对准则层和方案层各因素之间进行两两比较打分。其中，5位评估专业人员从事资产评估工作15年以上。

（1）构建判断矩阵

收集整理各位专家的打分，准则层因素对于目标层的判断矩阵，如表10-7所示。

表10-7　拼多多准则层因素判断矩阵

	价格或销量优势	成本费用节约	企业综合竞争力
价格或销量优势	1	4.17	2.78
成本费用节约	0.24	1	1.50
企业综合竞争力	0.36	0.67	1

数据资产、人力资本、品牌价值、合作方网络以及软件和专有技术5个

方案层因素对准则层 3 个指标分别构建的判断矩阵，如表 10-8、表 10-9、表 10-10 所示。

表 10-8　拼多多方案层因素对价格或销量优势的判断矩阵

	数据资产	人力资本	品牌价值	合作方网络	软件和专有技术
数据资产	1	5	1.10	2.50	2.04
人力资本	0.20	1	0.33	0.50	0.39
品牌价值	0.91	3.08	1	3.23	3.45
合作方网络	0.40	2.04	0.31	1	1.89
软件和专有技术	0.49	2.59	0.29	0.53	1

表 10-9　拼多多方案层因素对成本费用节约的判断矩阵

	数据资产	人力资本	品牌价值	合作方网络	软件和专有技术
数据资产	1	3.85	3.85	2.38	1.11
人力资本	0.26	1	1.64	0.65	0.30
品牌价值	0.26	0.61	1	1.30	1.16
合作方网络	0.42	1.53	0.77	1	1.18
软件和专有技术	0.90	3.34	0.86	0.85	1

表 10-10　拼多多方案层因素对企业综合竞争力的判断矩阵

	数据资产	人力资本	品牌价值	合作方网络	软件和专有技术
数据资产	1	3.85	0.97	2.50	2.38
人力资本	0.26	1	0.41	2.78	1.96
品牌价值	1.03	2.42	1	4.35	3.85
合作方网络	0.40	0.36	0.23	1	1.70
软件和专有技术	0.42	0.51	0.26	0.59	1

（2）层次排序计算权重和一致性检验

根据前文构建的判断矩阵，运用 SPSSAU 软件进行层次分析和一致性检验。准测层因素判断矩阵的层次分析结果和一致性检验，如表 10-11 所示。

表 10-11　拼多多准则层因素层次分析结果和一致性检验

	特征向量	权重值	最大特征值	CI值	RI值	CR值	一致性检验
价格或销量优势	1.866	62.20%					
成本费用节约	0.605	20.15%	3.07	0.04	0.52	0.07	通过
企业综合竞争力	0.530	17.65%					

方案层各因素判断矩阵的层次分析结果和一致性检验，如表 10-12、表 10-13、表 10-14 所示。

表 10-12　拼多多方案层因素对价格或销量优势的层次分析结果和一致性检验

	特征向量	权重值	最大特征值	CI值	RI值	CR值	一致性检验
数据资产	1.617	32.34%					
人力资本	0.354	7.09%					
品牌价值	1.669	33.37%	5.17	0.04	1.12	0.04	通过
合作方网络	0.729	14.58%					
软件和专有技术	0.631	12.62%					

表 10-13　拼多多方案层因素对成本费用节约的层次分析结果和一致性检验

	特征向量	权重值	最大特征值	CI值	RI值	CR值	一致性检验
数据资产	1.818	36.35%					
人力资本	0.559	11.18%					
品牌价值	0.729	14.57%	5.39	0.10	1.12	0.09	通过
合作方网络	0.800	16.01%					
软件和专有技术	1.094	21.89%					

表 10-14　拼多多方案层因素对企业综合竞争力的层次分析结果和一致性检验

	特征向量	权重值	最大特征值	CI值	RI值	CR值	一致性检验
数据资产	1.574	31.48%					
人力资本	0.778	15.56%					
品牌价值	1.718	34.35%	5.25	0.06	1.12	0.06	通过
合作方网络	0.498	9.96%					
软件和专有技术	0.433	8.65%					

综上所述，依据准则层和方案层因素的层次分析结果计算得出的相对权重结果，计算方案层因素对目标层的综合权重，如表 10-15 所示。

表 10-15　拼多多组合无形资产综合权重

目标层	准则层	权重	方案层	权重	综合权重
组合无形资产价值	价格或销量优势	62.20%	数据资产	32.35%	20.12%
			人力资本	7.09%	4.41%
			品牌价值	33.37%	20.76%
			合作方网络	14.58%	9.07%
			软件和专有技术	12.61%	7.84%
	成本费用节约	20.15%	数据资产	36.35%	7.32%
			人力资本	11.18%	2.25%
			品牌价值	14.57%	2.94%
			合作方网络	16.01%	3.23%
			软件和专有技术	21.89%	4.41%
	企业综合竞争力	17.65%	数据资产	31.48%	5.56%
			人力资本	15.56%	2.74%
			品牌价值	34.35%	6.06%
			合作方网络	9.96%	1.76%
			软件和专有技术	8.65%	1.53%

根据表 10-15，拼多多数据资产在组合无形资产价值中的权重为 33.00%，人力资本的权重为 9.40%，品牌价值的权重为 29.76%，合作方网络的权重为 14.06%，软件和专有技术的权重为 13.78%。对于拼多多组合无形资产价值来说，数据资产是最大的价值来源，其次是品牌价值，这一结果也直接印证了拼多多数据资产的重要性。

根据上文计算得到的拼多多组合无形资产价值和数据资产在无形资产中的分成率，可以得到拼多多数据资产的现有价值，即 $S = 3691 \times 33\% = 1218.03$ 亿元。

10.5.3　期权执行价格与有效期

对于期权执行价格 X，本案例以数据资产有效期内的更新、维护和应用所投入的成本现值来确定。但是，拼多多财务报表中，并未披露数据资产的投入及维护成本。因此，不能直接确定期权执行价格。对于轻资产企业拼多多来说，无形资产比例远大于固定资产。拼多多资产负债表中披露的是物业、设备及软件、网络和无形资产等资产。基于收入与成本配比的原则，本案例以数据资产有效期内企业资本性支出与营运资金增加之和乘以数据资产分成率33%，得到数据资产有效期内成本支出，并以计算 2026 年价值之和作为数据资产的执行价格 X。数据资产执行价格，如表 10-16 所示。

表 10-16　拼多多数据资产执行价格

（单位：亿元）

	2022 年	2023 年	2024 年	2025 年	2026 年
资本性支出	12.27	15.59	18.70	21.32	23.03
营运资金增加	235.19	244.88	230.37	193.52	126.06
成本支出合计	247.46	260.47	249.07	214.84	149.09
乘以数据资产分成率	81.67	85.96	82.19	70.90	49.20
2026 年价值	93.78	95.36	88.08	73.39	49.20
执行价格 X	399.81				

对于期权有效期 T，参考专家的意见并结合拼多多数据资产管理、更新及应用情况等来确定。拼多多的数据资产需要经历创建、处理、运用、更新和淘汰的过程，数据资产本身也具有更新迭代速度快和时效性强的特性。因此，数据资产一直处于随时更新补充的过程中，已不能准确分清最初的数据资产了，从而难以确定数据资产的真正有效期。综合考虑专家意见、数据更新情况、电商行业发展状况以及评估便利性，本案例确定拼多多数据资产有效期为 5 年。

10.5.4　无风险利率与波动率

对于无风险利率 r，本案例采用与数据资产有效期相同的 5 年期国债利率3.52% 确定。

对于数据资产的价值波动率 σ，由于难以直接获得拼多多数据资产的价值或收益，从而无法直接计算。考虑到拼多多数据资产是企业资产中的重要组成部分，本案例以拼多多在评估基准日前一个年度的收盘价的波动率 70%作为拼多多数据资产价值的波动率。

10.6 评估结果分析

10.6.1 数据资产期权价值

将上文计算得出的结果，即 $S = 1218.03$ 亿元，$X = 399.81$ 亿元，$T = 5$，$\sigma = 70\%$，$r = 3.52\%$，代入式（10.3）中，得到 d_1 和 d_2 值：

$$d_1 = \frac{\ln\left(\dfrac{S}{X}\right) + (r + \dfrac{\sigma^2}{2})t}{\sigma\sqrt{t}} = 1.61, d_2 = d_1 - \sigma\sqrt{t} = 0.04$$

同时，查询正态分布表，得到 $N(d_1) = 0.9463$，$N(d_2) = 0.5160$。再将上文计算得出的结果，代入式（10.2）中，得到拼多多数据资产期权价值。

数据资产期权价值 $= S \cdot N(d_1) - X \cdot e^{-rt} N(d_2) = 979.61$（亿元）

10.6.2 敏感性分析

由 $B\text{-}S$ 期权定价模型可以看出，标的资产价值由标的资产现有价值 X、标的资产执行价格 S、标的资产有效期 T、价格波动率 σ 和折现率 r 共同影响。但是，各个因素对标的资产价值的影响程度有所不同。可以通过对这 5 个参数进行敏感性分析，来确定各参数对数据资产价值的影响程度。从而，在利用 B-S 期权定价模型时，更重视影响程度大的参数的可靠性和合理性，有助于提高评估结果的准确性。具体的参数敏感性分析，如表 10-17 所示。

表 10-17 参数敏感性分析

参数	原始取值	增加 10%	价值变动率	减少 10%	价值变动率
S	1218.03 亿元	1339.83 亿元	11.80%	1096.23 亿元	-12.47%
X	399.81 亿元	439.79 亿元	-2.32%	359.83 亿元	1.68%
T	5 年	5.5 年	0.71%	4.5 年	-1.42%
σ	70%	77%	5.25%	63%	-2.40%
r	3.52%	3.87%	0.31%	3.17%	-0.41%

根据表 10-17，B-S 期权定价模型的 5 个参数中，除标的数据资产执行价格外，均与标的数据资产价值成正比。其中，数据资产现有价值对数据资产期权价值的影响程度最大，即拼多多数据资产期权价值对其现有价值的敏感

性最大。因此，在利用 B-S 期权定价模型计算拼多多数据资产价值时，必须格外关注拼多多数据资产现有价值的确定，提高数据资产现有价值参数确定的合理性，从而提高评估结果的准确性。

10.6.3　不考虑期权的数据资产价值

根据拼多多财务报表数据，评估基准日 2021 年 12 月 31 日企业无形资产以外资产价值为 1557.35 亿元。根据前文分析，拼多多企业整体价值为 3735.17 亿元，数据资产在组合无形资产价值中的分成率为 33%。因此，不考虑期权的数据资产价值为：

$$（3735.17-1557.35）×33\% = 718.68 （亿元）$$

综上，拼多多数据资产评估值为不考虑期权的数据资产价值 718.68 亿元与数据资产期权价值 979.61 亿元之和，即 1698.29 亿元。

综上所述，本案例采用 B-S 期权定价模型评估拼多多数据资产价值，能够弥补传统评估方法的不足。但是，本案例也存在一些缺陷。首先，市场上缺少数据资产相关交易，B-S 期权定价模型得到的数据资产价值的准确性难以得到市场的检验。其次，采用层次分析法确定数据资产在企业组合无形资产价值中的分成率时，邀请专家较少且覆盖面较窄，结果存在一定的主观性，科学性和合理性还有待进一步验证和改进。最后，拼多多组合无形资产价值、数据资产执行价格、标的资产波动率等参数不能直接确定，采用替代方法也存在一定的误差。

第 11 章   哔哩哔哩数据资产评估

11.1   哔哩哔哩基本情况

哔哩哔哩成立于 2009 年 6 月，于 2018 年在美国成功上市，是国内青年一代高度集中聚集的一个文化社群和视频平台。"Z 世代"是哔哩哔哩的主要使用群体，又可以称为互联网世代，是由 25 岁及以下移动互联网网民组成的。在 10 余年的发展中，哔哩哔哩以用户、创作者与内容为核心，形成了一个持续不断产出高质量内容的生态体系，并形成了多个不同的兴趣文化群体。

在移动互联网的高度普及下，"Z 世代"用户逐年上涨。QuestMobile 数据显示，2021 年 9 月哔哩哔哩用户规模同比增长 13.5%，达到 3.12 亿，已成为移动网民的重要组成部分。"Z 世代"用户具有更强的消费能力和更高的活跃度，哔哩哔哩平台上活跃渗透率超过 35.7%，使哔哩哔哩的市场竞争力不断增强。

从哔哩哔哩的发展历程来看，其是基于网络技术所搭建起的视频平台企业。哔哩哔哩借助网络专业技术人员来完成应用平台的建设与发展技术的支撑，并且为了吸引更多使用者入驻，提供高质量的内容、构建相应的兴趣社群、提供与需求精确匹配的服务。用户能够通过平台提供的服务，为哔哩哔哩带来直接或间接的收益，前期的投入成本才有可能被收回并产生盈利。因此，用户资源对哔哩哔哩企业价值有非常重要的影响。

哔哩哔哩有 85.5% 的视频播放内容来自专业用户创作的视频，数据依赖用户视频的创作与交流，大量的数据随着对视频平台的使用而源源不断产生。哔哩哔哩用户既是平台的使用者也是视频内容的创作者。这种方式极大地增加了平台使用的趣味性和视频内容的多样性，形成了从内容到用户再到内容的良好内容生态闭环。哔哩哔哩平台上，自制上传类视频占据了 90% 的点击率。因此，哔哩哔哩支持并鼓励 UP 主们自制视频。这种方式实现了双方的共赢，越来越多的专职 UP 进驻平台。2021 年 9 月，对哔哩哔哩平台日均使用时长 30 分钟以上的重度用户规模同比增长率为 45.4%，用户对该视频平台的依赖性有所加强。

经过以上分析可以发现，数据在哔哩哔哩运营过程中发挥着极其重要的作用。平台用户所进行的各项行为会带来相应的行为数据，这恰恰是数据资产价值的来源。具体来讲，哔哩哔哩数据资产主要来源于以下几个方面。

11.1.1 产品的升级与维护

哔哩哔哩可以通过分析用户的相关数据，了解掌握用户对产品的使用意见、产品的市场情况等内容。在此基础上，对平台进行改良升级，使产品与市场需求更相匹配，更利于数据资产的变现。哔哩哔哩在提供最基本的播放视频功能基础上，更加专注于为用户营造多元的文化社区，并且有目标性地为客户群体提供多元化的服务。哔哩哔哩有 2603 个频道和 26 个分区，包含各种不同类型的内容。这些频道和分区根据用户的关注点来设置，使视频使用者能够获得更多乐趣和讨论空间。这种重视用户需求变化的经营模式，可以利用平台服务和内容质量的提升与使用者产生情感联动。用户在使用过程中能够获得满足感，更能增强用户的归属感，提高平台用户的留存率。

11.1.2 内容的精准推荐

哔哩哔哩根据用户所关注的领域、活跃状态等行为数据，对用户群体进行精准的行为画像，将视频相关内容精准推送，从而使企业数据资产可以有效变现。这种有针对性的营销模式，有效地缩短了平台内容传播的时间，也使其获得了更高的曝光率和关注度。哔哩哔哩也会在推广活动中与平台达人建立起有效的合作关系，通过他们的影响力来提升应用平台在消费者中的影响力和美誉度。与此同时，哔哩哔哩通过引入信息流广告、创意广告等，来提高整体品牌营销效应，突出其品牌营销的特点，有利于企业实现更好的发展。

11.1.3 企业间相关业务的合作

哔哩哔哩曾经与腾讯在动漫、游戏等 ACG（Animation、Comic、Game）生态链条的上下游开展战略合作。双方对所拥有的动漫资源进行共享，必然产生相关的数据，进而产生相关经济利益流入。近年来，哔哩哔哩更是与中国电信签订战略合作协议，寻求在用户增长、品牌推广、互联网数据中心等不同领域的合作机会。这些合作机会，有可能会带来数据资源和数据价值的增加。

11.2　评估基本要素

11.2.1　评估对象与评估范围

本案例的评估对象和评估范围为哔哩哔哩拥有或控制的全部数据资产。

11.2.2　评估目的与价值类型

本案例的评估目的是评估哔哩哔哩全部数据资产在评估基准日 2021 年 12 月 31 日的市场价值，为数据资产的交易和流通提供价值参考依据。价值类型为市场价值，是自愿买方和自愿卖方，在各自理性行事且未受任何强迫的情况下，评估对象在评估基准日进行正常公平交易的价值估计数额。

11.2.3　评估假设与评估方法

本案例在进行数据资产价值评估时，基于资产评估的基本假设，即交易假设、公开市场假设和最佳使用假设。假设哔哩哔哩持续经营，持续获得未来现金流，并利用数据资产进行相关业务活动。假设在预测期内没有其他不可预测或不可控制的因素对哔哩哔哩产生重大负面影响。假设评估过程中使用的相关利率、企业所得税税率保持稳定。

本案例选择从哔哩哔哩企业整体价值中分成确定数据资产价值的评估方法。具体通过修正的 DEVA 模型评估企业整体价值，再采用层次分析法确定数据资产的分成率。

11.3　数据资产价值影响因素

哔哩哔哩作为汇聚多种视频内容的优质视频网站，从垂直类社区到年轻人大众社区，始终在互联网比较独特地存在着。在形态上，哔哩哔哩既具有传统视频网站所提供的长视频的特征，又是一个视频和社交融合的平台。其中包含着用户每个人的原创动态以及用户弹幕。弹幕社交是哔哩哔哩独特的社交形态。随着平台功能的日益完善，哔哩哔哩用户规模不断增长，为哔哩哔哩带来了大量的数据资产，其价值也与日俱增。综合来看，哔哩哔哩数据资产价值的影响因素主要包括数据规模、数据质量、数据活跃度。

11.3.1 数据规模

数据规模是影响数据资产价值最基本的因素。一般来讲，数据规模越大，数据资产价值越大。近年来，哔哩哔哩不断发展进步，已经成为我国现阶段备受关注的视频平台。丰富多样的视频内容，能够满足不同使用群体的不同兴趣。哔哩哔哩巨大的流量带来了大量用户，年均月活跃用户数达 2.672 亿人次。哔哩哔哩平台几乎每时每刻都在产生大量的数据。

11.3.2 数据质量

数据质量是影响数据资产价值非常重要的因素。一般来讲，数据质量越高，数据资产价值越大。哔哩哔哩的使用者更加关注 UP 主们自身所创作的内容和所在社群的吸引力，用户对哔哩哔哩平台的使用也更加具有依赖性。也就是说，用户并不会因某部热播影视剧或新的综艺节目而分散其对哔哩哔哩的关注度。哔哩哔哩的数据主要来自用户的使用过程，是用户基于自己的需求和想法所产生的自发行为，外部环境在行为信息的生成和获取过程中不会产生影响。因此，哔哩哔哩数据具有较高的可信度，数据质量较好。

11.3.3 数据活跃度

数据活跃度是影响数据资产价值的重要因素。一般来讲，数据活跃度越高，数据资产价值越大。哔哩哔哩 2021 年度第四季度财务报表显示，其平均月活跃用户数量达 2.717 亿人次，移动用户数量为 2.524 亿人次，与 2020 年同期相比均增长 35%；月平均付费用户数量达 2450 万人次，与 2020 年同期相比增长 37%。

11.4 评估模型构建

11.4.1 基本思路

本案例评估哔哩哔哩数据资产价值的基本思路是，识别并量化数据资产价值驱动因素，通过引入市场占有率、单位用户贡献值和活跃用户数量对 DEVA 模型进行修正，估算出哔哩哔哩企业整体价值，再扣除哔哩哔哩有形资产价值得到其组合无形资产价值，最后采用层次分析法确定的分成率将数据资产价值从组合无形资产价值中分离出来。

11.4.2　具体模型

根据基本思路，哔哩哔哩数据资产价值评估的具体计算公式为：

$$V_2 = V_1 \times R \qquad\qquad 式（11.1）$$

式中，V_2 为数据资产评估值；V_1 为组合无形资产价值；R 为数据资产分成率。

其中，组合无形资产价值的具体计算公式为：

$$V_1 = V \times (1 - W_t) \qquad\qquad 式（11.2）$$

式中，V_1 为组合无形资产价值；V 为企业整体价值；W_t 为有形资产对企业整体价值贡献的占比。

11.4.3　参数确定

1. 企业整体价值

目前，实务中常用 DEVA 模型基于用户资源进行企业价值评估。DEVA 模型是以梅特卡夫定律为理论依据的，该定律认为网络节点数的平方与网络价值两者之间呈正比例的关系。在此基础上，DEVA 模型增加了单位用户初始投入成本，即单位用户初始投入成本与用户价值量的平方的乘积为互联网企业整体价值。具体计算公式为：

$$E = M \times C^2 \qquad\qquad 式（11.3）$$

式中，E 为企业整体价值；M 为单位用户初始投入成本；C 为用户价值量。

DEVA 模型将用户数量作为企业价值的重要影响因素，将用户价值与企业价值合理地联系在一起。该模型不需要大量的财务数据，可以相对简便地获得企业整体价值，具有一定合理性，非常适合互联网视频企业。

但是，该模型也有一定缺陷，需要进一步改进。首先，该模型将所有的注册用户都划入有效用户范围内，但并不是所有注册用户都可以为企业带来价值。尤其是，部分用户仅对视频应用平台进行短时间的浏览，并不能为企业带来经济利益的流入。其次，该模型以用户价值量的平方来衡量用户之间互动所产生的潜在增速，可能与现实并不相符，会导致评估结果严重偏离实际价值。再次，该模型忽略了马太效应对互联网企业价值的影响。最后，根据齐普夫定律和边际效用递减规律，用户资源所带来的企业价值增长，并不会无限延续下去。当用户规模增长到一定数量后，不一定可以为企业继续带来经济增加值。

因此，本案例需要对 DEVA 模型进行修正后，再用于哔哩哔哩企业整体价值评估。修正 DEVA 模型时，需要重点考虑的因素有以下几个方面：

（1）活跃用户数量

互联网视频企业依靠大量用户使用才会快速发展，但是有些用户并不会为企业带来经济增加值。只有活跃用户才会给企业带来新的资源和价值，而非活跃用户仅仅是在软件平台上进行注册和浏览，并不会频繁使用。在 DEVA 模型的基础上，应该重点关注活跃用户对哔哩哔哩企业价值创造的贡献。活跃用户是指在日常生活中频繁多次地使用该平台，而且这些使用会产生信息交流、消费记录和播放记录等数据。企业对这些数据进行管理分析，就很可能变为有价值的数据资产为企业带来现金流。因此，本案例使用活跃用户数来代替原有的注册用户，具体采用互联网视频企业哔哩哔哩的活跃用户数量（MAU）。

（2）单位用户平均贡献值

在考虑用户活跃度对企业价值的影响后，需要对活跃用户所能够带来的价值贡献进行量化。本案例引入单位用户平均贡献值（ARPU）作为衡量指标。在互联网视频企业中，单位用户平均贡献值通常是指每位用户在一定时间内为企业所能够带来的经济效益。这既包括用户使用产品所带来的直接贡献价值，又包括间接的广告价值、群体声誉价值等。由于用户价值不能直接被量化，本案例利用哔哩哔哩的年营业收入来衡量。

（3）用户贡献与企业价值的关系

DEVA 模型认为，用户数量的平方与互联网企业的价值成正比例关系。但是，随着经济和技术的快速发展，受制于现实条件的用户数量并不会无限增长。因此，用户数量增长所带来的价值贡献也就不会无限增长。本案例引入齐普夫定律对用户贡献与企业价值的关系进行修正。齐普夫定律又称为词频分布定律，假设一篇文章中含有 n 个单词，将这些单词出现的频次按递减次序进行排列，那么这些单词出现的频次与其排序位次成反比的关系。因此，当互联网视频企业的网络里有 n 位用户时，每位用户的价值贡献值为 $1/n$，以此类推其贡献值之和近似等于 $\ln n$，而用户集合的总贡献值之和则为 $n \times \ln n$。本案例用 $n \times \ln n$ 代替梅特卡夫定律中企业价值与用户数量的平方关系。对用户贡献与企业价值关系的修正，既可以避免过高估计用户间互相影响所产生的效应价值，也可以对一些互联网视频企业价值呈不正常的慢增长现象进行解释说明。

（4）市场占有率

在互联网视频企业所在领域，马太效应是一种普遍存在的市场现象。而马太效应对互联网视频企业价值具有一定影响。因此，本案例引入市场占有率指标 P。市场占有率是指某企业某一产品（或品类）的销售量（或销售额）在市场同类产品（或品类）中所占比重。市场占有率反映的是企业在市场中的地位，通常市场占有率越高，竞争力越强，优先获得市场竞争优势的企业，在相应领域的市场占有率会高。同理，互联网视频企业用户在使用应用平台的过程中，处于行业领先地位的应用平台更易受到关注。因此，"领头羊"企业的市场占有率会越高，相应的企业价值就会增加。在互联网视频企业中，市场占有率的提高主要凭借前期的营销策略，为企业带来大量的用户资源。市场占有率通常采用用户规模数据来进行测算。

（5）单位用户初始投入成本

单位用户初始投入成本考虑到互联网视频企业为获取每一个活跃用户的成本费用。根据这个变量还可以推测出互联网视频企业开发用户的能力。通常利用初始投入成本和活跃用户数量的比例，计算出单位用户初始投入成本 M。

修正后的 DEVA 模型能够更科学、准确地评估用户价值，将互联网视频企业潜在的价值呈现出来。修正后的 DEVA 模型的具体计算公式为：

$$V = M \times P \times (ARPU \times MAU) \times \ln(ARPU \times MAU) \qquad \text{式（11.4）}$$

式中，V 为企业整体价值；M 为单位用户初始投入成本；P 为市场占有率；$ARPU$ 为单位用户平均贡献值；MAU 为活跃用户数量。

其中，单位用户平均贡献值 $ARPU$ 的具体计算公式为：

$$ARPU = \frac{TS}{MAU} \qquad \text{式（11.5）}$$

式中，$ARPU$ 为单位用户平均贡献值；TS 为企业年营业收入；MAU 为活跃用户数量。

2. 组合无形资产价值

组合无形资产价值是确定数据资产价值的基础。本案例认为，有形资产占总资产的比例与有形资产对企业价值的贡献率相当。因此，以有形资产占总资产的比例作为有形资产对企业整体价值的贡献率。根据式（11.2），可以计算出组合无形资产价值。

3. 数据资产分成率

数据资产分成率采用层次分析法确定。首先要构造层次结构的目标层、准则层和方案层。哔哩哔哩的目标层为组合无形资产价值，准则层分别为增加营业收入、降低营业成本、提升综合竞争力，方案层分别为数据资产、管理水平、人力资本、内容生态、营销策略。其中，数据资产是指能够给企业带来经济利益的且归属于哔哩哔哩所拥有或控制的数据资源。哔哩哔哩对数据资产的开发与利用会增加其经营收益。企业管理水平是决定企业成败的关键因素之一。主要体现在企业内部的组织领导、企业战略规划、产品或服务过程管理、人力资源管理、财务管理等方面。管理水平的提升与改进，可以有效降低哔哩哔哩的经营成本，增加经营收益。通过与劳动者签订劳动合同，可以使哔哩哔哩获得使用人力资本的权利，进而可以为其带来经济利益。人力资本一般包括管理者、技术员工和普通员工等的人力资本。优秀的员工团队，会更加有利于互联网视频企业内容的转化，从而赢得更多的用户资源。内容生态是指利用内容生产运营平台，实现可持续发展所能获得的企业收益。哔哩哔哩通过创造良好的社区文化，会提高用户黏性，提升社区价值和经营收益。营销策略是指企业借助宣传、推广等相关方法，抢占用户市场来增加企业竞争力。大力的宣传、推广会使哔哩哔哩吸引到更多的潜在用户。随着用户数量的增加，哔哩哔哩收益水平随之也会得到提升。具体层次结构，如图11-1所示。

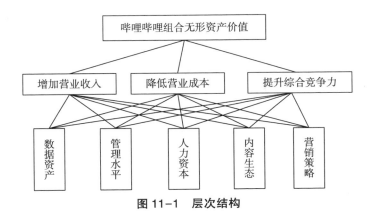

图 11-1　层次结构

在建立层次结构的基础上，邀请专家根据重要程度打分，建立判断矩阵，最终计算出数据资产的分成率。层次分析法具体操作步骤如 4.5.1 节所述，此处不再赘述。

11.5　评估过程

11.5.1　企业整体价值

1. 活跃用户数量 MAU

本案例的评估基准日为 2021 年 12 月 31 日。因此，根据哔哩哔哩 2021 年度第四季度财务报告，确定活跃用户数量 MAU 为 2.717 亿人次。

2. 单位用户贡献值 ARPU

根据哔哩哔哩 2021 年各季度财务报表，确定其 2021 年营业总收入为 193.838 亿元人民币。根据式（11.5），计算得出单位用户贡献值 ARPU 为 71.34 元/人。

3. 单位用户初始投入成本 M

根据财务报表，哔哩哔哩的初始投入成本为 7.857 亿元，则可以计算出单位用户初始投入成本 M 为 2.89 元/人。

4. 市场占有率 P

根据第 49 次《中国互联网络发展状况统计报告》，到 2021 年 12 月，包括短视频在内的我国互联网视频用户达 9.75 亿人次。根据前文所述，哔哩哔哩的活跃用户数量为 2.717 亿人次，则可以计算出其市场占有率 P 为 27.86%。

将上述数据代入式（11.4），可得到哔哩哔哩企业整体价值为：

$$V = M \times P \times (ARPU \times MAU) \times \ln(ARPU \times MAU) = 821.98（亿元）$$

11.5.2　组合无形资产价值

根据历年资产负债表，哔哩哔哩的有形资产占比较小，主要为无形资产。2021 年 12 月 31 日哔哩哔哩的资产总额为 520.5 亿元，而物业、厂房及设备的价值额为 13.5 亿元，占总资产的比例约为 2.59%。根据式（11.2），可计算得到哔哩哔哩组合无形资产价值为：

$$V_1 = V \times (1 - W_t) = 821.98 \times (1 - 2.59\%) = 800.69（亿元）$$

11.5.3　数据资产分成率

1. 准则层权重的确定

采取问卷调查的形式邀请相关专家对准则层的三个指标进行两两打分，确定哔哩哔哩组合无形资产价值判断矩阵。根据专家打分结果，构建准则层判断矩阵，如表 11-1 所示。

表 11-1　准则层判断矩阵

组合无形资产价值	增加营业收入	降低营业成本	提升综合竞争力
增加营业收入	1	3	1/2
降低营业成本	1/3	1	1/4
提升综合竞争力	2	4	1

具体应用层次分析法，得出增加营业收入的权重是 0.3196，降低营业成本的权重是 0.1220，提升综合竞争力的权重是 0.5584。在此基础上，进行一致性检验。通过对特征向量的综合分析，确定判断矩阵最大特征根为 3.0183，据此计算 CI 值为 0.0091，查表得 RI 值为 0.58，则 CR 值为 0.0157<0.1，说明该判断矩阵通过一致性检验。具体计算结果，如表 11-2 所示。

表 11-2　准则层层次分析结果

	权重值	最大特征根	CI	CR
增加营业收入	0.3196			
降低营业成本	0.1220	3.0183	0.0091	0.0157
提升综合竞争力	0.5584			

2. 方案层权重的确定

根据专家打分结果，构建增加营业收入方案层判断矩阵，如表11-3所示。

表 11-3　增加营业收入方案层判断矩阵

	数据资产	管理水平	人力资本	内容生态	营销策略
数据资产	1	9	7	3	5
管理水平	1/9	1	1/3	1/7	1/5
人力资本	1/7	3	1	1/5	1/3
内容生态	1/3	7	5	1	3
营销策略	1/5	5	3	1/3	1

具体应用层次分析法，得出数据资产的权重是 0.5100，管理水平的权重是 0.0329，人力资本的权重是 0.0636，内容生态的权重是 0.2638，营销策略的权重是 0.1297。在此基础上，进行一致性检验。通过对特征向量的综合分析，确定判断矩阵最大特征根为 5.2375，据此计算 CI 值为 0.0594，查表得 RI 值为 1.12，则 CR 值为 0.053<0.1，说明该判断矩阵通过一致性检验。具体计算结果，如表11-4所示。

表 11-4　增加营业收入方案层计算结果

	权重值	最大特征根	CI	CR
数据资产	0.5100			
管理水平	0.0329			
人力资本	0.0636	5.2375	0.0594	0.053
内容生态	0.2638			
营销策略	0.1297			

根据专家打分结果，构建降低营业成本方案层判断矩阵，如表 11-5 所示。

表 11-5　降低营业成本方案层判断矩阵

	数据资产	管理水平	人力资本	内容生态	营销策略
数据资产	1	1/5	1/4	4	1/3
管理水平	5	1	3	7	5
人力资本	4	1/3	1	6	2
内容生态	1/4	1/7	1/6	1	1/4
营销策略	3	1/5	1/2	4	1

具体应用层次分析法，得出数据资产的权重是 0.0816，管理水平的权重是 0.4908，人力资本的权重是 0.2441，内容生态的权重是 0.0381，营销策略的权重是 0.1454。在此基础上，进行一致性检验。通过对特征向量的综合分析，确定判断矩阵最大特征根为 5.3097，据此计算 CI 值为 0.0774，查表得 RI 值为 1.12，则 CR 值为 0.0691<0.1，说明该判断矩阵通过一致性检验。具体计算结果，如表 11-6 所示。

表 11-6　降低营业成本方案层计算结果

	权重值	最大特征根	CI	CR
数据资产	0.0816			
管理水平	0.4908			
人力资本	0.2441	5.3097	0.0774	0.0691
内容生态	0.0381			
营销策略	0.1454			

根据专家打分结果，构建提升综合竞争力方案层判断矩阵，如表 11-7 所示。

表 11-7　提升综合竞争力方案层判断矩阵

	数据资产	管理水平	人力资本	内容生态	营销策略
数据资产	1	3	5	1/5	1/2
管理水平	1/3	1	4	1/6	1/4

续表

	数据资产	管理水平	人力资本	内容生态	营销策略
人力资本	1/5	1/4	1	1/8	1/6
内容生态	5	6	8	1	2
营销策略	2	4	6	1/2	1

　　具体应用层次分析法，得出数据资产的权重是 0.1501，管理水平的权重是 0.0777，人力资本的权重是 0.0350，内容生态的权重是 0.4758，营销策略的权重是 0.2614。在此基础上，进行一致性检验。通过对特征向量的综合分析，确定判断矩阵最大特征根为 5.2385，据此计算 CI 值为 0.0596，查表得 RI 值为 1.12，则 CR 值为 0.0532<0.1，说明该判断矩阵通过一致性检验。具体计算结果，如表 11-8 所示。

表 11-8　提升综合竞争力方案层计算结果

	权重值	最大特征根	CI	CR
数据资产	0.1501			
管理水平	0.0777			
人力资本	0.0350	5.2385	0.0596	0.0532
内容生态	0.4758			
营销策略	0.2614			

　　综上所述，可以计算出哔哩哔哩组合无形资产价值中数据资产的分成率为：

$$0.3196×0.5100+0.1220×0.0816+0.5584×0.1501=25.68\%$$

11.6　评估结果分析

　　将上文计算得出的结果代入式（11.1）中，可得出哔哩哔哩数据资产评估值为：

$$V_2 = V_1 × R = 800.69×25.68\% = 205.62（亿元）$$

　　根据哔哩哔哩 2021 年 12 月 31 日在美国股市的表现，其价值为 127.65 亿美元，在香港股市的价值为 103.09 亿港元。经过查询，2021 年 12 月 31 日的人民币对美元的汇率为 6.3757，人民币对港元的汇率为 0.8168。经过计算，哔哩哔哩 2021 年 12 月 31 日的企业价值为 813.86 亿元与 84.20 亿元之和,即 898.06 亿元人民币,与前文计算的企业整体价值 800.69 亿元人民币的差异较小。因此,改进后的 DEVA 模型可以适用于互联网视频企业整体价值评估,以此为基础可以确定哔哩哔哩数据资产价值。但是,本案例也存在一些缺陷。首先,对 DEVA 模型的修正,仍然可能存在缺乏全面性的问题。其次,层次分析法确定的数据资产分成率仍然存在一定的主观性,不能很好地体现数据资产价值的可变性,数据资产价值的分割仍然有较大的改进空间。最后,数据资产市场信息有限,不能使数据资产的评估结果得到很好的市场验证。

参考文献

［1］胡凌. 大数据革命的商业与法律起源［J］. 文化纵横，2013（3）：68-73.

［2］刘玉. 浅论大数据资产的确认与计量［J］. 商业会计，2014（18）：3-4.

［3］李泽红，檀晓云. 大数据资产会计确认、计量与报告［J］. 财会通讯，2018（10）：58-59+129.

［4］上官鸣，白莎. 大数据资产会计处理探析［J］. 财务与会计，2018（22）：46-48.

［5］康旗，韩勇，陈文静，等. 大数据资产化［J］. 信息通信技术，2015，9（6）：29-35.

［6］王玉林，高富平. 大数据的财产属性研究［J］. 图书与情报，2016（1）：29-35，43.

［7］杜振华，茶洪旺. 数据产权制度的现实考量［J］. 重庆社会科学，2016（8）：19-25.

［8］武长海，常铮. 论我国数据权法律制度的构建与完善［J］. 河北法学，2018，36（2）：37-46.

［9］姚佳. 企业数据的利用准则［J］. 清华法学，2019，13（3）：114-125.

［10］何柯，陈悦之，陈家泽. 数据确权的理论逻辑与路径设计［J］. 财经科学，2021（3）：43-55.

［11］朱扬勇，叶雅珍. 从数据的属性看数据资产［J］. 大数据，2018，4（6）：65-76.

［12］张兴旺，廖帅，张鲜艳. 图书馆大数据资产的内涵、特征及其合理利用研究［J］. 情报理论与实践，2019，42（11）：15-20.

［13］李静萍. 数据资产核算研究［J］. 统计研究，2020（11）：3-14.

［14］许宪春，张钟文，胡亚茹. 数据资产统计与核算问题研究［J］. 管理世界，2022

（2）：2，16-30.

[15] 彭刚，李杰，朱莉. SNA 视角下数据资产及其核算问题研究 [J]. 财贸经济，2022，43（5）：145-160.

[16] 李原，刘洋，李宝瑜. 数据资产核算若干理论问题辨析 [J]. 统计研究，2022，39（9）：19-28.

[17] 中国资产评估协会. 数据资产评估指导意见 [EB/OL]. 2023-9-8.

[18] 崔国钧，潘宝玉，李宏伟，等. 地质矿产数据资产管理利用探讨 [J]. 山东国土资源，2006（4）：50-54.

[19] 庞伟. 企业无形资产评估探讨 [J]. 商业经济，2007（11）：51-53.

[20] 何帅，俞勇，张文凯，等. 基于数据资产理念的海上油气设施工程信息数字化建设 [J]. 档案学研究，2013，131（2）：47-50.

[21] 吴李知. 掘金大数据时代 [J]. 高科技与产业化，2013（5）：38-39.

[22] 李谦，白晓明，张林，等. 供电企业数据资产管理与数据化运营 [J]. 华东电力，2014，42（3）：487-490.

[23] 王岑岚，尤建新. 大数据定义及其产品特征：基于文献的研究 [J]. 上海管理科学，2016，38（3）：25-29.

[24] 邹照菊. 关于大数据资产计价的若干思考 [J]. 财会通讯，2018（28）：35-39.

[25] 祝子丽，倪杉. 数据资产管理研究脉络及展望——基于 CNKI 2002—2017 年研究文献的分析 [J]. 湖南财政经济学院学报，2018，34（6）：105-115.

[26] 李雨霏，刘海燕，闫树. 面向价值实现的数据资产管理体系构建 [J]. 大数据，2020（3）：45-56.

[27] 闭珊珊，杨琳，宋俊典. 一种数据资产评估的 CIME 模型设计与实现 [J]. 计算机应用与软件，2020（9）：27-33.

[28] 阮咏华. 基于财务视角的数据资产化重点与难点研究 [J]. 商业会计，2020（4）：6-9.

[29] 张俊瑞，危雁麟，宋晓悦. 企业数据资产的会计处理及信息列报研究 [J]. 会计与经济研究，2020，34（3）：3-15.

[30] 李雅雄，倪杉. 数据资产的会计确认与计量研究 [J]. 湖南财政经济学院学报，2017，33（4）：82-90.

[31] 谭明军. 论数据资产的概念发展与理论框架 [J]. 财会月刊，2021（10）：87-93.

[32] 李永红，张淑雯. 数据资产价值评估模型构建 [J]. 财会月刊，2018（9）：30-35.

[33] 权忠光，梁雪，邵俊波，等. 生命周期视角的数据资产评估方法及其适用性研究 [J]. 中国资产评估，2022（9）：49-55.

［34］高仪涵. 生命周期理论运用于数据资产价值评估研究［D］. 石家庄：河北经贸大学，2023.

［35］薛华成. 管理信息系统［M］. 北京：清华大学出版社，1993：24-25.

［36］王红艳，陈伟达. 信息资产的界定与评估方法研究［J］. 东南大学学报（哲学社会科学版），2001（S2）：66-68+72.

［37］吕玉芹，袁昊，舒平. 论数字资产的会计确认和计量［J］. 中央财经大学学报，2003（11）：62-65.

［38］张启望. 数字资产核算［J］. 财会通讯（学术版），2006（2）：112-114.

［39］武健，李长青. "大财务"数据资产的管理与应用实践［J］. 企业管理，2016（S2）：168-169.

［40］余文. 人民银行会计核算数据资产管理研究［J］. 会计之友，2017（17）：31-34.

［41］张驰. 数据资产价值分析模型与交易体系研究［D］. 北京：北京交通大学，2018.

［42］陆旭冉. 大数据资产计量问题探讨［J］. 财会通讯，2019，8（10）：59-63.

［43］秦荣生. 企业数据资产的确认、计量与报告研究［J］. 会计与经济研究，2020，34（6）：3-10.

［44］李诗，陈志威，徐钰，等. 数据资产会计处理模式探析——基于龙马环卫案例［J］. 财会月刊，2021（24）：67-74.

［45］刘检华，李坤平，庄存波，等. 大数据时代制造企业数字化转型的新内涵与技术体系［J］. 计算机集成制造系统，2022，28（12）：3707-3719.

［46］王勇，陈鹤丽，孙维鑫. 数据资产赋能统计现代化研究［J］. 统计与信息论坛，2023，38（6）：3-18.

［47］徐园. 数据资产——大数据、信息资产及媒体变革的思考［J］. 中国传媒科技，2013（21）：40-45.

［48］张相文，于海波，关梓骜. 基于IT规划的数据资产管理模式研究［J］. 软件，2016，37（9）：126-129.

［49］辛金国，张亮亮. 大数据背景下统计数据质量影响因素分析［J］. 统计与决策，2017（19）：64-67.

［50］宿杨. 数据资产管理的法治基础探究——基于公共卫生智慧应急管理实践［J］. 宏观经济管理，2020（12）：56-62.

［51］杨永标，王金明，王康元，等. 电网与用户双向互动数据资产管理研究［J］. 电力信息与通信技术，2016，14（4）：46-51.

［52］冯楠，贾大江，李燕. 电网企业数据资产监测机制研究［J］. 山西电力，2016（3）：45-49.

［53］樊淑炎. 数据资产管理推动电力企业高质量发展［J］. 科技创新与应用，2021（11）：88-90，93.

［54］曹煊洲. 基于数据中台的电力企业数据资产管理方法分析［J］. 现代工业经济和信息化，2021，11（12）：93-94.

［55］程慧. 运营商挖掘大数据价值的 7 种模式［J］. 中国电信业，2013（2）：34-35.

［56］李明庆，田荣阳. 大数据：电信行业的战略方向［N］. 人民邮电，2014-01-21（006）.

［57］张云帆. 电信运营商大数据发展策略与价值挖掘［J］. 移动通信，2016，40（5）：20-23.

［58］李梦莹. 电信运营商大数据价值经营研究［J］. 信息通信技术与政策，2019，4（12）：41-44.

［59］李红双，赵秋爽，孙淳晔，等. 大数据在电信运营商中的应用研究［J］. 广东通信技术，2020，40（7）：9-12.

［60］谢平，邹传伟. 互联网金融模式研究［J］. 金融研究，2012（12）：11-22.

［61］宫晓林. 互联网金融模式及对传统银行业的影响［J］. 南方金融，2013（5）：86-88.

［62］吴晓求. 互联网金融：成长的逻辑［J］. 财贸经济，2015（2）：5-15.

［63］顿楠. 互联网金融的大数据商业模式创新——基于"余额宝"的分析［J］. 商业经济研究，2016（10）：76-84.

［64］林飞腾. 基于成本法的大数据资产价值评估研究［J］. 商场现代化，2020，49（10）：59-60.

［65］张志刚，杨栋枢，吴红侠. 数据资产价值评估模型研究与应用［J］. 现代电子技术，2015，38（20）：44-47，51.

［66］李雪，暴冬梅. 加强无形资产评估的探讨［J］. 财务与会计，2016（22）：54.

［67］徐漪. 大数据的资产属性与价值评估［J］. 产业与科技论坛，2017，16（2）：97-99.

［68］赵丽，李杰. 大数据资产定价研究——基于讨价还价模型的分析［J］. 价格理论与实践，2020（8）：124-127，178.

［69］李泽红，檀晓云. 大数据资产会计确认、计量与报告［J］. 财会通讯，2018（10）：58-59，129.

［70］刘琦，童洋，魏永长，等. 市场法评估大数据资产的应用［J］. 中国资产评估，2016（11）：33-37.

［71］郑辉. "互联网+"物流企业无形资产确认与计量问题探析［J］. 现代商贸工业，2020，41（34）：75-76.

［72］胡晓佳. 顺通物流公司无形资产价值评估市场比较法的应用研究［D］. 哈尔滨：哈尔滨商业大学，2020.

［73］林佳奇. 发电企业数据资产价值评估研究［D］. 北京：华北电力大学，2020.

［74］赵璐. 数据资产评估过程难点分析及建议［J］. 全国流通经济，2021，36（21）：131-134.

［75］胡苏，贾云洁. 网络经济环境下信息资产的价值计量［J］. 财会月刊，2006（5）：4-5.

［76］赵振洋，陈金歌. 物流企业的无形资产评估研究——以圆通为例［J］. 中国资产评估，2018（7）：50-55.

［77］申海成，张腾. 知识产权评估的驱动因素、存在问题及对策［J］. 会计之友，2019（2）：126-130.

［78］司雨鑫. 互联网企业中数据资产价值评估模型研究［D］. 北京：首都经济贸易大学，2019.

［79］谢非，晋旭辉. 基于双边市场视角的电商平台数据资产价值研究［J］. 中国资产评估，2021（12）：49-58，72.

［80］陈芳，余谦. 数据资产价值评估模型构建——基于多期超额收益法［J］. 财会月刊，2021（23）：21-27.

［81］苑泽明，张永安，王培琳. 基于改进超额收益法的企业数据资产价值评估［J］. 商业会计，2021（19）：4-10.

［82］崔叶，朱锦余. 智慧物流企业数据资产价值评估研究［J］. 中国资产评估，2022（8）：20-29.

［83］胥子灵，刘春学，白彧颖，等. 多期超额收益法评估数据资产价值——以 M 通信企业为例［J］. 中国资产评估，2022（3）：73-81.

［84］嵇尚洲，沈诗韵. 基于情景法的互联网企业数据资产价值评估——以东方财富为例［J］. 中国资产评估，2022（2）：29-38.

［85］夏金超，薛晓东，王凌，等. 数据价值基本特性与评估量化机制分析［J］. 文献与数据学报，2021，3（1）：19-29.

［86］张咏梅，穆文娟. 大数据时代下金融数据资产的特征及价值分析［J］. 财会研究，2015（8）：78-80.

［87］朱丹. 政府数据资产价值评估与价值实现研究［D］. 广州：华南理工大学，2017.

［88］石艾鑫，郜鼎，谢婧. 互联网企业数据资产价值评估体系的构建［J］. 时代金融，2017（5）：109，112.

［89］邹贵林，陈雯，吴良峥，等. 电网数据资产定价方法研究——基于两阶段修正成本法的分析［J］. 价格理论与实践，2022（3）：89-93，204.

［90］刘畅. 移动互联网背景下企业新型价值评估理论研究［D］. 济南：山东大学，2014.

［91］刘洪玉，张晓玉，侯锡林. 基于讨价还价博弈模型的大数据交易价格研究［J］. 中国冶金教育，2015（6）：86-91.

［92］王建伯. 数据资产价值评价方法研究［J］. 时代金融（下旬），2016（4）：292-293.

［93］李永红，张淑雯. 数据资产价值评估模型构建［J］. 财会月刊，2018（9）：30-35.

［94］左文进，刘丽君. 基于用户感知价值的大数据资产估价方法研究［J］. 情报理论与实践，2021，44（1）：71-77，88.

［95］赵馨燕，张治侨，杨芳. 数据资产的特征与交易定价研究——基于修正的 Rubinstein 博弈模型［J］. 中国资产评估，2022（3）：44-51.

［96］陈伟斌，张文德. 基于收益分成率的网络信息资源著作权资产评估研究［J］. 情报科学，2015，33（9）：39-44.

［97］黄乐，刘佳进，黄志刚. 大数据时代下平台数据资产价值研究［J］. 福州大学学报（哲学社会科学版），2018，32（4）：50-54.

［98］李春秋，李然辉. 基于业务计划和收益的数据资产价值评估研究——以某独角兽公司数据资产价值评估为例［J］. 中国资产评估，2020（10）：18-23.

［99］张悦. 基于多期超额收益法的数据资产价值评估——以科大讯飞为例［D］. 南昌：江西财经大学，2021.

［100］吴江，马小宁，邹丹，等. 基于 AHP-FCE 的铁路数据资产价值评估方法［J］. 铁道运输与经济，2021，43（12）：80-86.

［101］高华，姜超凡. 应用场景视角下的数据资产价值评估［J］. 财会月刊，2022，933（17）：99-104.

［102］郭燕青，孙培原. 基于实物期权理论的互联网企业数据资产评估研究［J］. 商学研究，2022，29（1）：77-84.

［103］肖雪娇，杨峰. 互联网企业数据资产价值评估［J］. 财会月刊，2022（18）：126-135.

［104］Peterson R E. A Cross Section Study of the Demand for Money：The United States，1960-62［J］. The Journal of Finance，1974.

［105］Kaback，Stuart M. A User's Experience with the Derwent Patent Files［J］. J. chem. inf. comput，1977，17（3）：143-148.

［106］Alvin Toffler. The Third Wave［M］. 黄明坚，译. 北京：中信出版社，2006.

［107］Horton F W. Information resources management（IRM）：Where did it come from and where is it going［M］. 1981.

［108］ Horton F W. Information Resources Management ［M］. London: Prentice - Hall, 1985.

［109］ Committee, Hawley. Information as an asset the board agenda. a consultative report. 1995.

［110］ Michael L Gargano, Bel G Raggad. Data mining-a powerful information creating tool ［J］. OCLC Systems & Services, 1999 （2）.

［111］ Pitney Bowes. Managing Your Data Asset ［M］. IEEE, 2010, 16 （1）: 22-27.

［112］ Brown B. Are you ready for the Era of Big Data ［J］. Mc Kinsey Quarterly, 2011 （10）: 24-35.

［113］ Sebastian-Coleman L. Measuring data quality for ongoing improvement: a data quality assessment framework ［M］. Newnes, 2012.

［114］ Davenport T H. How strategists use "big data" to support internal business decisions, discovery and production ［J］. Strategy & leadership, 2014, 42 （4）: 45-50.

［115］ Ellis M E. A model of data as an organizational asset ［D］. Lawrence: University of Kansas, 2014.

［116］ Luehrman. Big Data Quality. A Quality Dimensions Evaluation ［A］. IE, 2016, 01.

［117］ Laura V. Valuing Data as an Asset ［J］. Review of Finance, 2023.

［118］ Pitney B. Managing Your Data Assets ［M］. IEEE, 2009, 29 （1）: 35-40.

［119］ Konstan J, Riedl J. Deconstructing Recommender Systems: How Amazon and Netflix predict your preferences and prod you to purchase ［J］. IEEE Spectrum, 2016, 49.

［120］ Castro Santiago. Optimizing your data management for big data ［J］. Journal of Direct, Data and Digital Marketing Practice, 2014, 16 （1）.

［121］ Amir Gandomi, Murtaza Haider. Beyond the hype: Big data concepts, methods, and analytics ［J］. International Journal of Information Management, 2015, 35 （2）.

［122］ Muhammad Habib ur Rehman, Victor Chang, Aisha Batool, Teh Ying Wah. Big data reduction framework for value creation in sustainable enterprises ［J］. International Journal of Information Management, 2016, 36 （6）.

［123］ Ikbal Taleb. Big Data Quality: A Quality Dimensions Evaluation ［A］. IE, 2016, 0122.

［124］ Chaudhary R, Kumar N, Zeadally S. Network Service Chaining in Fog and Cloud Computing for the 5G Environment: Data Management and Security Challenges ［J］. IEEE Communications Magazine, 2017, 55 （11）: 114-122.

［125］ Hannila Hannu, Silvola Risto, Harkonen Janne, et al. Data-driven Begins with DA-TA: Potential of Data Assets ［J］. Journal of Computer Information Systems, 2019,

62（1）.

［126］ Niels Doorn, Adam Badger. Platform Capitalism's Hidden Abode: Producing Data Assets in the Gig Economy ［J］. Antipode, 2020, 52（5）.

［127］ Newman T D. Appraisal of Timber: A Direct Sales Approcah ［J］. Appraisal Journal, 1984: 45−48.

［128］ Dombrow Jonathan. The data asset Databases, Business intelligence, and Competitive Advantage ［J］. Computers & Operations Research, 1999, 46（3）: 16−24.

［129］ Heckman J. R, Boehmer E. L, Peters E. H, et al. A Pricing Model for Data Markets ［C］. iSchools, 2015, 28（2）: 21−32.

［130］ Jr C E F. Rates And Ratios Used In The Income Capitalization Approach ［J］. 1995: 124−128.

［131］ Doherty James. Income approach stands on its own merit ［J］. the appraisal journal, 1996（7）: 64−89.

［132］ Aswath Damodarari. Corporate Finance: Theory and Practice ［M］. 2001.

［133］ David Tenenbaum. Valuing Intellectual Property Assets ［J］. Computer and Internet Lawyer, 2002（2）: 1−8.

［134］ Mark Berkman. Valuing intellectual property assets for licensing transaction ［J］. Licensing Journal, 2002（4）: 16−22.

［135］ Lin G T R, Tang J Y H. Appraising intangible assets from the viewpoint of value drivers ［J］. Journal of Business Ethics, 2009, 88（4）: 679−689.

［136］ Damián Pasto, Jozef, et al. Intangibles and methods for their valuation in financial terms: Literature review ［J］. Intangible Capital, 2017, 13（2）: 387−410.

［137］ Justus Wolff, Christoph Kocher, Julia Menacher, Andreas Keck. Too Big To Ignore − How to Define the Enterprise Value of AI and big Data Firms ［J］. International Journal of Strategic Management, 2018, 18（1）.

［138］ Chris. Valuing information as an asset ［J］. Journal of SAS, 2010（1）: 13−17.

［139］ Moody, Walsh, Aisha Batool, Teh Ying Wah. Big data reduction framework for value creation in sustainable enterprises ［J］. International Journal of Information Management, 2016, 36（6）: 121−145.

［140］ Quan Minh Quoc Binh, et al. Application of an intangible asset valuaton model using panel data for listed enterprises in Vietnam ［J］. Investment Management and Financial Innovations, 2020, 17（1）: 304−316.

［141］ Black F., Scholes M. The pricing of options and corporate liabilities ［J］. Journal of Political Economy, 1973, 81: 637−654.

［142］ Longstaff F A, Schwarrz E S. Valuing American options by simulation: a simple least squares approach ［J］. Thereview of financial studies, 2001, 14 (1): 113-147.

［143］ Eduardo S. Schwartz, Carlos Zozaya-Gorostiza. Investment under Uncertainty in In-
formation Technology: quisition and Development Projects ［J］. Institute for Opera-
tions Research and the Management Sciences, 2003, 49 (1).

［144］ Stentoft L. Assessing the least squares Monte Carlo approach to American option valua-
tion ［J］. Review of Derivatives Research, 2004, 7 (2): 129-168.

［145］ Gonzalo Cortazar, Miguel Gravet, Jorge Urzua. The valuation of multidimensional
American real options using the LSM simulation method ［J］. Computers and Opera-
tions Research, 2006, 35 (1).

［146］ Yu-Jing Chiu, Yuh-Wen Chen. Using AHP patent valuation ［J］. Mathematical
Computer Modelling, 2007 (46): 1054-1062.

［147］ Villanig Valuation of R&D investment opportunities using the least-squares Monte Carlo
method ［J］. Sciences and Finance, 2014 (8): 289-301.

［148］ Manetti G. The role of blended value accounting in the evaluation of socio-economic
impact of social enterprises ［J］. Voluntas: International Journal of Voluntary and
Nonprofit Organizations, 2014, 25 (2): 443-464.

［149］ Furtado L, Dutra M L, de Macedo D D J. Characterizing the Value Creation in Organiza-
tions That Implement Big Data Environments ［C］. ISPE TE, 2016: 915-924.

［150］ Lin Z, Wu Y. Research on the method of evaluating the value of data assets ［A］.
Xi'an: International Conference on Education, E-learning and Management Technolo-
gy, 2016.

［151］ Jana Krejcí, et al. A fuzzy extension of Analytic Hierarchy Process based on the con-
strained fuzzy arithmetic ［J］. Fuzzy Optimization & Decision Making, 2017, 16
(1): 1-22.

［152］ Peng X, Bai X. An Investigation of Internet Enterprise Value Assessment Based on
Comprehensive Evaluation Method ［J］. American Journal of Industrial and Business
Management, 2017, 7 (4): 501-512.

［153］ Li Y, Qin K. Value Evaluation on Data Assets of P2P Net Loan Platform ［J］. Jour-
nal of Physics: Conference Series, 2019 (6): 220-228.

［154］ Vasile BRĂTIAN. Evaluation of Options using the Black-Scholes Methodology ［J］.
Expert Journal of Economics, 2019, 7 (2): 59-65.

［155］ LU J-R, YANG Y-H. Option Valuations and Asset Demands and Supplies ［J］.
The Quarterly Review of Economics and Finance, 2021.

［156］ Petukhina A, E Sprünken. Evaluation of multi-asset investment strategies with digital assets［J］. Digital Finance, 2021（15）: 33-48.

［157］Gargano M L, Raggad B G. Data mining-a powerful information creating tool［J］. OCLC Systems & Services, 1999, 15（2）: 81-90.

［158］Viktor Mayer-Schönberger. Big Data: A Revolution That Will Transform How We Live, Work, and Think［M］. 周涛, 译. 杭州: 浙江人民出版社, 2013.

［159］戚聿东, 刘欢欢. 数字经济下数据的生产要素属性及其市场化配置机制研究［J］. 经济纵横, 2020（11）: 63-76+2.

［160］马费成, 夏永红. 网络信息的生命周期实证研究［J］. 情报理论与实践, 2009, 32（6）: 1-7.

［161］李永红, 李金鹜. 互联网企业数据资产价值评估方法研究［J］. 经济研究导刊, 2017（14）: 104-107.

［162］蒋嘉莉. 媒体数据资产价值评估研究［J］. 中国资产评估, 2022, 269（8）: 14-19.

［163］左文进, 刘丽君. 大数据资产估价方法研究——基于资产评估方法比较选择的分析［J］. 价格理论与实践, 2019（8）: 116-119, 148.

［164］肖钦月. 互联网教育类企业的数据资产价值评估［D］. 成都: 西南财经大学, 2019.

［165］陶怡然. 基于 AHP 法的平台数据资产价值评估研究［D］. 徐州: 中国矿业大学, 2019.

［166］王静, 王娟. 互联网金融企业数据资产价值评估——基于 B-S 理论模型的研究［J］. 技术经济与管理研究, 2019（7）: 73-78.

［167］李菲菲, 关杨, 王胜文, 等. 信息生态视角下供电企业数据资产管理模型及价值评估方法研究［J］. 情报科学, 2019, 37（10）: 46-52.

［168］丁博. 基于 AHP-模糊综合评价法的互联网企业数据资产评估研究［D］. 重庆: 重庆理工大学, 2020.

［169］梁艳. 互联网企业数据资产价值评估［D］. 石家庄: 河北经贸大学, 2020.

［170］韩少卿. 网络舆情热点事件传播的生命周期研究［J］. 东南传播, 2018（10）: 88-90.

［171］孙晓璇, 赵小明. 基于模糊层次法的数据资产评估方法研究［J］. 智能计算机与应用, 2020, 10（6）: 252-254.

［172］陈浩然. 电商导购企业数据资产评估［D］. 广州: 暨南大学, 2020.

［173］李虹, 鲍金见, 陈文娟. 数据视角下物流企业数字资产评估研究——以顺丰速运公司为例［J］. 中国资产评估, 2020（10）: 24-30.

［174］李伊. 基于流动性视角的限售股折扣率研究［D］. 北京: 首都经济贸易大学, 2019.

[175] 李外. 创业板限售股流动性折扣率估值研究 [D]. 北京：对外经济贸易大学，2019.

[176] 尹传儒，金涛，张鹏，等. 数据资产价值评估与定价：研究综述和展望 [J]. 大数据，2021，7（4）：14-27.

[177] 石磊，何天翔，陈端兵. 企业数据资产价值评估研究 [J]. 中国资产评估，2023，277（4）：20-30.

[178] 程慧. 运营商挖掘大数据价值的 7 种模式 [J]. 中国电信业，2013（2）：34-35.

[179] 望俊成. 信息老化的新认识——信息价值的产生与衰减 [J]. 情报学报，2013，32（4）：354-362.

[180] 李宝瑜，王硕，刘洋，等. 国家数据资产核算分类体系研究 [J]. 统计学报，2023，4（3）：1-10.

[181] 蔡莉，黄振弘，梁宇，等. 数据定价研究综述 [J]. 计算机科学与探索，2021，15（9）：1595-1606.

[182] 邓聚龙. 灰色预测模型 GM（1，1）的三种性质——灰色预测控制的优化结构与优化信息量问题 [J]. 华中工学院学报，1987（5）：1-6.

[183] 刘思峰，邓聚龙. GM（1，1）模型的适用范围 [J]. 系统工程理论与实践，2000（5）：121-124.

[184] 于艳芳，孙俊烨. 电网企业数据资产价值评估研究——以国家电网有限公司为例 [J]. 财会通讯，2023（20）：89-97.

[185] 于艳芳，陈泓亚. 信息服务企业数据资产价值评估研究——以同花顺公司为例 [J]. 中国资产评估，2022（10）：72-80.

[186] 黄海. 会计信息化下的数据资产化现状及完善路径 [J]. 企业经济，2021，40（7）：113-119.

[187] 倪渊，李子峰，张健. 基于 AGA-BP 神经网络的网络平台交易环境下数据资源价值评估研究 [J]. 情报理论与实践，2020，43（1）：135-142.

[188] 武昌. 数据资产价值评估中收益法的改进与应用研究 [D]. 徐州：中国矿业大学，2022.

[189] 张鹏程. 基于多期超额收益法的互联网企业数据资产价值评估研究 [D]. 保定：河北大学，2023.

[190] 赵丽芳，曹新宇，边琰澔. 企业数据资产创造价值的底层逻辑问题研究 [J]. 会计之友，2024（6）：51-58.

[191] 王靖雯. 东方财富信息公司数据资产价值评估研究 [D]. 武汉：中南财经政法大学，2022.

[192] 李冬青，刘吟啸，邓镭，等. 基于数据全生命周期的数据资产价值评估方法及

应用 [J]. 大数据, 2023, 9 (3): 39-55.

[193] 段成林, 董胜, 王智峰. 基于 Logistic 模型的北极海冰生长曲线研究 [J]. 海洋湖沼通报, 2021, 43 (4): 1-6.

[194] 杨洪霞. 基于要素贡献视角的互联网视频企业数据资产价值评估 [D]. 重庆: 重庆理工大学, 2023.

[195] 陆岷峰, 王稳华, 朱震. 数据资产如何赋能企业高质量发展: 基于产能利用率视角的经验证据 [J]. 上海商学院学报, 2023, 24 (4): 22-41.

[196] 计虹, 王梦莹. 数据资产全生命周期分层管理方法与应用探讨 [J]. 中国数字医学, 2023, 18 (1): 1-6.

[197] 李佳妹. 同花顺企业数据资产价值评估研究 [D]. 兰州: 兰州财经大学, 2023.

[198] 刘双. 基于改进多期超额收益法的互联网金融企业数据资产价值评估研究 [D]. 重庆: 重庆理工大学, 2023.

[199] 常寒. 基于多期超额收益法的软件开发企业数据资产评估: 以同花顺为例 [J]. 中国市场, 2023 (6): 22-24, 31.

[200] 田菁菁, 白琳. 基于数据全生命周期的数据资产价值评估方法及应用研究 [J]. 电子元器件与信息技术, 2023, 7 (11): 130-133.

[201] 倪子凡, 张云华. 基于 Logistic 曲线的草莓生长模型研究 [J]. 智能计算机与应用, 2022, 12 (11): 41-43.

[202] 郑伟堂. 数据资产价值评估方法选择与模型优化研究 [D]. 北京: 首都经济贸易大学, 2021.

[203] 林飞腾. 大数据资产及其价值评估方法: 文献综述与展望 [J]. 财务管理研究, 2020 (6): 1-5.

[204] 王文兵, 李珺珺. 企业数据资源的会计确认、计量与披露探析: 兼评《企业数据资源相关会计处理暂行规定》[J]. 商业会计, 2024 (1): 4-9.

[205] 刘文光. 大数据资产的确认与计量研究 [J]. 经贸实践, 2017 (22): 322.

[206] 王跃武. 论数据及其价值评估的层次性 [J]. 中国资产评估, 2024 (3): 27-32.

[207] 张修权, 高歌. 聚焦数据资产挖掘数据价值 [N]. 中国会计报, 2024-03-15 (003).

[208] 苑秀娥, 尚静静. 价值创造视角下互联网企业数据资产估值研究 [J]. 会计之友, 2024 (6): 59-67.

[209] 贺灿. 企业数据资产价值评估探讨 [J]. 财会学习, 2024 (4): 140-142.

[210] 王少豪, 李博. 网络公司价值分析及评估方法 [J]. 中国资产评估, 2000 (6): 21-26.

［211］谈多娇，董育军. 互联网企业的价值评估：基于客户价值理论的模型研究
　　　 ［J］. 北京邮电大学学报（社会科学版），2010，12（3）：34-39.

［212］魏嘉文，田秀娟. 互联网 2.0 时代社交网站企业的估值研究 ［J］. 企业经济，
　　　 2015（8）：105-108.

［213］江积海，蔡春花. 开放型商业模式 NICE 属性与价值创造关系的实证研究 ［J］.
　　　 中国管理科学，2016，24（5）：100-110.

［214］宣晓，段文奇. 价值创造视角下互联网平台企业价值评估模型研究 ［J］. 财会
　　　 月刊，2018（2）：73-78.

［215］郭蓬元，韩秀艳. 基于实物期权的高科技创业公司价值测度研究 ［J］. 科学管
　　　 理研究，2021，39（1）：116-122.

［216］李雅雄，倪杉. 数据资产的会计确认与计量研究 ［J］. 湖南财政经济学院学
　　　 报，2017，33（4）：82-90.

［217］罗晓伊，徐厚东，佟如意. 基于全景视图的电力企业数据资产价值量化研究
　　　 ［J］. 四川电力技术，2016，39（5）：90-94.

［218］朱贵玉，方世跃，尹春风，等. 基于 FAHP-CRITIC 的暴雨洪涝灾害风险评估：
　　　 以西安市临潼区为例 ［J］. 水利水电技术，2022（10）：37-48.

［219］曹煊洲. 基于数据中台的电力企业数据资产管理方法分析 ［J］. 现代工业经济
　　　 和信息化，2021，11（12）：93-94.

［220］谢刚凯，蒋骁. 超越无形资产：数据资产评估研究 ［J］. 中国资产评估，2023
　　　 （2）：30-33.

附录I 易华录数据湖运营业务层次分析法应用结果

　　为获取易华录数据湖运营业务数据资产贡献在表外无形资产贡献中的占比，采用层次分析法进行分析。目标层为表外无形资产的贡献，准则层为表外无形资产，即降低企业成本、提高企业收入、增强企业竞争力和提升企业抗风险能力，方案层为互联网信息服务企业通常存在的表外无形资产，即数据资产、企业管理能力、品牌效应和客户关系。

　　本案例寻找3位数据管理研究专家、4位资产评估业界专家和3位企业管理专家进行打分，使用软件YAAHP进行归纳统计，结果如下表所示。其中，括号里面的数值是软件自动汇总结果进行修正后的值。

1. 准则层判断矩阵汇总表

	降低企业成本	提高企业收入	增强企业竞争力	提升企业抗风险能力	权重
降低企业成本	1	1	2.793418（3）	2.206582（2）	0.374010
提高企业收入	1	1	0.557594（1/2）	1.793418（2）	0.241396
增强企业竞争力	0.357984（1/3）	1.793418（2）	1	1	0.223099
提升企业抗风险能力	0.453190（1/2）	0.557594（1/2）	1	1	0.161494

　　结果一致性比例为0.099063，通过一致性检验。

2. 表外无形资产对降低企业成本的判断矩阵汇总结果

	数据资产	企业管理能力	品牌效应	客户关系	权重
数据资产	1	2（6）	1/2	1/4	0.154294

续表

	数据资产	企业管理能力	品牌效应	客户关系	权重
企业管理能力	1/2（1/6）	1	1/3（1）	1/3	0.104674
品牌效应	2	3（1）	1	1	0.332854
客户关系	4	3	1	1	0.408178

结果一致性比例为 0.036262，通过一致性检验。

3. 表外无形资产对提高企业收入的判断矩阵汇总结果

	数据资产	企业管理能力	品牌效应	客户关系	权重
数据资产	1	1	1	0.359778（1/3）	0.187464
企业管理能力	1	1	2.779491（3）	1	0.312536
品牌效应	1	0.359778（1/3）	1	1	0.187464
客户关系	2.779491（3）	1	1	1	0.312536

结果一致性比例为 0.099998，通过一致性检验。

4. 表外无形资产对增强企业竞争力的判断矩阵汇总结果

	数据资产	企业管理能力	品牌效应	客户关系	权重
数据资产	1	2	3	1/2	0.311111
企业管理能力	1/2	1	1	1	0.199037
品牌效应	1/3	1	1	1/2	0.146331
客户关系	2	1	2	1	0.343521

结果一致性比例为 0.090883，通过一致性检验。

5. 表外无形资产对提升企业抗风险能力的判断矩阵汇总结果

	数据资产	企业管理能力	品牌效应	客户关系	权重
数据资产	1	1	4	1（1/3）	0.342728
企业管理能力	1	1	2	1	0.273522
品牌效应	1/4	1/2	1	1	0.144831
客户关系	1（3）	1	1	1	0.238919

结果一致性比例为 0.069482，通过一致性检验。

附录Ⅱ 中国联通数据资产价值影响因素调查问卷

尊敬的专家：

您好！本问卷旨在研究中国联通数据资产价值大小，采用层次分析法分析各价值因素对数据资产价值的影响程度，最终确定各影响因素的权重。邀请各位专家抽出宝贵时间对问卷中所涉及的数据资产价值影响因素按照重要程度进行两两比较打分。问卷采用九级评分法，1代表同等重要，2~9代表的重要程度越来越大，反之，1/2~1/9代表的重要程度越来越小。

1. **请您对第一级指标内部各指标的两两重要性进行评价**

准则层指标	数据数量	数据应用	数据质量	数据管理	数据风险
数据数量	1				
数据应用		1			
数据质量			1		
数据管理				1	
数据风险					1

2. **请您对第二级"数据数量"内部各指标的两两重要性进行评价**

数据数量	数据种类	数据规模
数据种类	1	
数据规模		1

3. **请您对第二级"数据管理"内部各指标的两两重要性进行评价**

数据管理	全面性	及时性	有效性
全面性	1		
及时性		1	

续表

数据管理	全面性	及时性	有效性
有效性			1

4. 请您对第二级"数据质量"内部各指标的两两重要性进行评价

数据质量	准确性	完整性	活跃性
准确性	1		
完整性		1	
活跃性			1

5. 请您对第二级"数据应用"内部各指标的两两重要性进行评价

数据应用	多维性	场景经济特性	双方价值认可程度	购买方偏好
多维性	1			
场景经济特性		1		
交易双方价值认可程度			1	
购买方偏好				1

6. 请您对第二级"数据风险"内部各指标的两两重要性进行评价

数据风险	法律限制程度	技术保障程度
法律限制程度	1	
技术保障程度		1

7. 您对电信行业的熟悉程度

非常熟悉	
比较熟悉	
一般	

8. 您从事的职业

电信行业	
高校老师	
资产评估师	
其他	

附录Ⅲ 中国联通数据资产价值评价问卷

尊敬的专家：

您好！很荣幸能邀请您参加本次问卷，请分别从数据数量、数据管理、数据质量、数据应用、数据风险五个方面对中国联通数据资产价值进行评价。评分范围为0~100分，以50分作为行业平均水平。

评估指标	一级指标	二级指标	打分（0~100）
中国联通数据资产价值评估指标体系	数据数量	数据种类	
		数据规模	
	数据管理	全面性	
		及时性	
		有效性	
	数据质量	准确性	
		完整性	
		活跃性	
	数据应用	多维性	
		场景经济特性	
		交易双方价值认可程度	
		购买方偏好	
	数据风险	法律限制程度	
		技术保障程度	

您从事的职业为：

电信行业	
高校老师	
资产评估师	
其他	

附录Ⅳ 拼多多层次分析法调查问卷

尊敬的专家：

您好！为了获得电商企业拼多多数据资产在企业组合无形资产价值中的权重，诚挚地邀请您在百忙之中完成以下问卷，对问卷题目中的因素进行两两比较后打分。打分采用 1~9 标度法，请在相应数字下打"√"，数字标度的含义如下：

标度值	含 义
1	表示两因素同样重要
3	表示两因素相比，一因素略重要于另一个因素
5	表示两因素相比，一因素明显重要于另一个因素
7	表示两因素相比，一因素显著重要于另一个因素
9	表示两因素相比，一因素极度重要于另一因素
2, 4, 6, 8	表示在两个级别之间的重要程度

靠左边的衡量尺度表示左列因素重要于右列因素，靠右边的衡量尺度表示右列因素重要于左列因素。若认为重要性在两标度之间，请在两数值中间打"√"。

此外，采用层次分析法构建的层次结构如下：

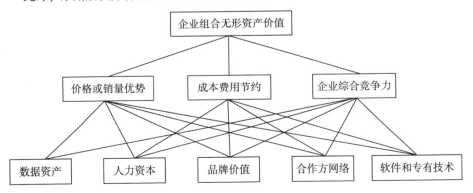

1. **您的身份是**：A：评估专业人员（从事资产评估行业 ＿＿＿ 年）

   　　　　　　　　B：电商企业员工　　　　C：其他（　　　）

2. **准则层要素——评估"企业组合无形资产价值"的相对重要性**

下列各组两两比较要素，对于"企业组合无形资产价值"的相对重要性如何？

指标	9	7	5	3	1	3	5	7	9	指标
价格或销量优势										成本费用节约
价格或销量优势										企业综合竞争力
成本费用节约										企业综合竞争力

3. **方案层要素**

（1）下列各组两两比较要素，对于"价格或销量优势"的相对重要性如何？

指标	9	7	5	3	1	3	5	7	9	指标
数据资产										人力资本
数据资产										品牌价值
数据资产										合作方网络
数据资产										软件和专有技术
人力资本										品牌价值
人力资本										合作方网络
人力资本										软件和专有技术
品牌价值										合作方网络
品牌价值										软件和专有技术
合作方网络										软件和专有技术

（2）下列各组两两比较要素，对于"成本费用节约"的相对重要性如何？

指标	9	7	5	3	1	3	5	7	9	指标
数据资产										人力资本
数据资产										品牌价值
数据资产										合作方网络
数据资产										软件和专有技术
人力资本										品牌价值
人力资本										合作方网络
人力资本										软件和专有技术

续表

指标	9	7	5	3	1	3	5	7	9	指标
品牌价值										合作方网络
品牌价值										软件和专有技术
合作方网络										软件和专有技术

（3）下列各组两两比较要素，对于"企业综合竞争力"的相对重要性如何？

指标	9	7	5	3	1	3	5	7	9	指标
数据资产										人力资本
数据资产										品牌价值
数据资产										合作方网络
数据资产										软件和专有技术
人力资本										品牌价值
人力资本										合作方网络
人力资本										软件和专有技术
品牌价值										合作方网络
品牌价值										软件和专有技术
合作方网络										软件和专有技术

问卷结束，感谢您的合作！

附录 V　哔哩哔哩层次分析法调查问卷

尊敬的专家：

您好！非常感谢您能够在百忙之中抽出宝贵的时间完成问卷。本问卷旨在研究互联网视频企业哔哩哔哩数据资产的价值，采用层次分析法对各个评价指标的影响程度加以量化，以确定各级指标因子的权重。请您对问卷中提到的两个指标之间的相对重要性加以比较，采用1~9标度法打分。以下是哔哩哔哩数据资产价值评价指标体系：

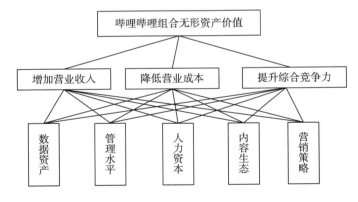

评分标准说明：

（1）评分划分为9个等级。9代表极端重要，7代表强烈重要，5代表明显重要，3代表稍微重要，1代表同等重要，1/3代表稍微不重要，1/5代表明显不重要，1/7代表强烈不重要，1/9代表极其不重要。

（2）评分要满足同一级因素一致性原则。如A>B，B>C，则有A>C，否则问卷调查无效。

（3）若A/B（A比B）明显重要，则勾选数字5；反之A/B明显不重要，则勾选1/5；A/B同等重要，勾选数字1。

1. 请您对第一层次"组合无形资产价值"内部各指标两两重要性进行评价

增加营业收入/降低营业成本

☐ 9　☐ 7　☐ 5　☐ 3　☐ 1　☐ 1/3　☐ 1/5　☐ 1/7　☐ 1/9

增加营业收入/提升综合竞争力

☐ 9　☐ 7　☐ 5　☐ 3　☐ 1　☐ 1/3　☐ 1/5　☐ 1/7　☐ 1/9

降低营业成本/提升综合竞争力

☐ 9　☐ 7　☐ 5　☐ 3　☐ 1　☐ 1/3　☐ 1/5　☐ 1/7　☐ 1/9

2. 请您对第二层次"增加营业收入"内部各指标两两重要性进行评价

数据资产/管理水平

☐ 9　☐ 7　☐ 5　☐ 3　☐ 1　☐ 1/3　☐ 1/5　☐ 1/7　☐ 1/9

数据资产/人力资源

☐ 9　☐ 7　☐ 5　☐ 3　☐ 1　☐ 1/3　☐ 1/5　☐ 1/7　☐ 1/9

数据资产/内容生态

☐ 9　☐ 7　☐ 5　☐ 3　☐ 1　☐ 1/3　☐ 1/5　☐ 1/7　☐ 1/9

数据资产/营销策略

☐ 9　☐ 7　☐ 5　☐ 3　☐ 1　☐ 1/3　☐ 1/5　☐ 1/7　☐ 1/9

管理水平/人力资源

☐ 9　☐ 7　☐ 5　☐ 3　☐ 1　☐ 1/3　☐ 1/5　☐ 1/7　☐ 1/9

管理水平/内容生态

☐ 9　☐ 7　☐ 5　☐ 3　☐ 1　☐ 1/3　☐ 1/5　☐ 1/7　☐ 1/9

管理水平/营销策略

☐ 9　☐ 7　☐ 5　☐ 3　☐ 1　☐ 1/3　☐ 1/5　☐ 1/7　☐ 1/9

人力资源/内容生态

☐ 9　☐ 7　☐ 5　☐ 3　☐ 1　☐ 1/3　☐ 1/5　☐ 1/7　☐ 1/9

人力资源/营销策略

☐ 9　☐ 7　☐ 5　☐ 3　☐ 1　☐ 1/3　☐ 1/5　☐ 1/7　☐ 1/9

内容生态/营销策略

☐ 9　☐ 7　☐ 5　☐ 3　☐ 1　☐ 1/3　☐ 1/5　☐ 1/7　☐ 1/9

3. 请您对第二层次"降低营业成本"内部各指标两两重要性进行评价

数据资产/管理水平

☐ 9　☐ 7　☐ 5　☐ 3　☐ 1　☐ 1/3　☐ 1/5　☐ 1/7　☐ 1/9

数据资产/人力资源

☐ 9　☐ 7　☐ 5　☐ 3　☐ 1　☐ 1/3　☐ 1/5　☐ 1/7　☐ 1/9

数据资产/内容生态

☐ 9　☐ 7　☐ 5　☐ 3　☐ 1　☐ 1/3　☐ 1/5　☐ 1/7　☐ 1/9

数据资产/营销策略

☐ 9　☐ 7　☐ 5　☐ 3　☐ 1　☐ 1/3　☐ 1/5　☐ 1/7　☐ 1/9

管理水平/人力资源

☐ 9　☐ 7　☐ 5　☐ 3　☐ 1　☐ 1/3　☐ 1/5　☐ 1/7　☐ 1/9

管理水平/内容生态

☐ 9　☐ 7　☐ 5　☐ 3　☐ 1　☐ 1/3　☐ 1/5　☐ 1/7　☐ 1/9

管理水平/营销策略

☐ 9　☐ 7　☐ 5　☐ 3　☐ 1　☐ 1/3　☐ 1/5　☐ 1/7　☐ 1/9

人力资源/内容生态

☐ 9　☐ 7　☐ 5　☐ 3　☐ 1　☐ 1/3　☐ 1/5　☐ 1/7　☐ 1/9

人力资源/营销策略

☐ 9　☐ 7　☐ 5　☐ 3　☐ 1　☐ 1/3　☐ 1/5　☐ 1/7　☐ 1/9

内容生态/营销策略

☐ 9　☐ 7　☐ 5　☐ 3　☐ 1　☐ 1/3　☐ 1/5　☐ 1/7　☐ 1/9

4. 请您对第二层次"提升综合竞争力"内部各指标两两重要性进行评价

数据资产/管理水平

☐ 9　☐ 7　☐ 5　☐ 3　☐ 1　☐ 1/3　☐ 1/5　☐ 1/7　☐ 1/9

数据资产/人力资源

☐ 9　☐ 7　☐ 5　☐ 3　☐ 1　☐ 1/3　☐ 1/5　☐ 1/7　☐ 1/9

数据资产/内容生态

☐ 9　☐ 7　☐ 5　☐ 3　☐ 1　☐ 1/3　☐ 1/5　☐ 1/7　☐ 1/9

数据资产/营销策略

☐ 9　☐ 7　☐ 5　☐ 3　☐ 1　☐ 1/3　☐ 1/5　☐ 1/7　☐ 1/9

管理水平/人力资源

☐ 9　☐ 7　☐ 5　☐ 3　☐ 1　☐ 1/3　☐ 1/5　☐ 1/7　☐ 1/9

管理水平/内容生态

☐ 9　☐ 7　☐ 5　☐ 3　☐ 1　☐ 1/3　☐ 1/5　☐ 1/7　☐ 1/9

管理水平/营销策略

☐ 9　☐ 7　☐ 5　☐ 3　☐ 1　☐ 1/3　☐ 1/5　☐ 1/7　☐ 1/9

人力资源/内容生态

☐ 9　☐ 7　☐ 5　☐ 3　☐ 1　☐ 1/3　☐ 1/5　☐ 1/7　☐ 1/9

人力资源/营销策略

☐ 9　☐ 7　☐ 5　☐ 3　☐ 1　☐ 1/3　☐ 1/5　☐ 1/7　☐ 1/9

内容生态/营销策略

☐ 9　☐ 7　☐ 5　☐ 3　☐ 1　☐ 1/3　☐ 1/5　☐ 1/7　☐ 1/9

后　记

　　数字经济时代，数据作为第五大生产要素，已经成为推动经济发展的核心引擎。充分发挥市场在资源配置中的决定性作用，推动数据要素市场的建立与完善，挖掘数据资产的价值，推动数据要素按价值贡献参与分配，需要对数据资产价值进行评估。尤其是数据资产入表规定出台以来，数据资产评估研究又掀起了新的浪潮。财政部高度重视数据资产评估，指导中国资产评估协会发布了《资产评估专家指引第9号——数据资产评估》和《数据资产评估指导意见》，有效指引和规范了数据资产评估行为。

　　河北大学资产评估专业硕士学位点一直非常关注数据资产评估相关问题。近年来，围绕数据资产评估，该学位点指导8位研究生完成数据资产评估相关论文，涉及国家电网、易华录、同花顺、中国联通、东方财富、拼多多、哔哩哔哩等企业数据资产，并在《财会通讯》《中国资产评估》等期刊发表多篇学术论文。

　　在确定本书的研究思路和研究框架时，为突出强调财政部的监管作用，将书名确定为《财政监管视角下数据资产评估理论与实务》。之后，开始了一系列的研究工作，包括文献资料的搜集整理，调查问卷的设计展开，数据资料的收集分析，评估模型的构建应用，评估结果的分析检验，等等。

　　本书的撰写得到了河北大学资产评估专业硕士学位点老师和同学的支持和帮助。书名的最终确定和研究思路的展开参考了郭子雪老师和孟永峰老师的建议。文献资料的搜集整理得到河北大学管理学院2020级、2021级资产评估专业部分研究生的大力支持，主要有陈泓亚、任一明、覃威铭、李红霞、孙俊烨、姚建阳、常小如、朱玛等。数据资料的收集分析和评估模型的构建应用主要由2020级、2021级、2022级资产评估专业部分研究生完成，并在此基础上完成了毕业论文，主要有陈泓亚、李红霞、孙俊烨、安海丹、陈伟、杨敬璇、王依洁等。此外，数据核对和文字校对主要由2023级、2024级资产评估专业部分研究生完成，主要有杨梦婷、陈治宇、黄佳俊、苗苗、纪华建、赵怡雯、林姗、周欣岚、史珍珍、杨靖雯、陈之悦、张启萌等。

本书的顺利出版得到河北大学管理学院、河北大学政府管理与公共政策研究中心的资助，河北大学管理学院院长杨文杰教授、副院长杨国庆教授的支持，河北大学管理学院赵颂老师、曹叶老师和张洪振老师的帮助，以及河北大学资产评估专业硕士学位点校外导师赵强先生的指导。

在本书即将出版之际，谨对关心支持本书出版的领导、老师，付出辛勤劳动的同学们，表示衷心的感谢！

本书在撰写过程中参考了很多国内外专家的优秀研究成果，对数据资产评估理论与实务进行了一些思考。但仍需要进一步完善提高，恳请各位专家、学者批评指正。

作者
2024 年 10 月于河北保定